输电线路
无人机巡检技术

何健　审

李婷　张涛　编

UAV Inspection Technology

For Transmission Line

中国电力出版社
CHINA ELECTRIC POWER PRESS

内 容 提 要

输电线路巡检是保障电网安全运行的重要方式，无人机巡检是一种高效、智能、全新的输电线路巡检模式，代表了智能电网输电线路巡检的发展方向。本书结合国网宜昌供电公司检修分公司输电运检室在无人机巡检领域中的一系列科技创新成果，对无人机改进和人机结合的现场技术经验系统总结编写而成。

本书共6章，包含输电线路巡检技术概述、输电线路特征及常见缺陷、无人机多传感器数据采集技术、无人机巡检作业、无人机巡检技术改进及无人机巡检技术展望。全书内容丰富，指导性强，可作为供电企业输电线路工作人员的培训教学用书，对于推动无人机输电线路巡检技术发展与进步具有重要意义。

图书在版编目（CIP）数据

输电线路无人机巡检技术 / 李婷，张涛编；何健审. — 北京：中国电力出版社，2016.11（2022.8 重印）
ISBN 978-7-5123-9967-9

Ⅰ. ①输… Ⅱ. ①李… ②张… ③何… Ⅲ. ①无人驾驶飞机－应用－输电线路－巡回检测 Ⅳ. ① TM726

中国版本图书馆 CIP 数据核字（2016）第 253606 号

中国电力出版社出版、发行
（北京市东城区北京站西街 19 号　100005　http://www.cepp.sgcc.com.cn）
北京九天鸿程印刷有限责任公司印刷
各地新华书店经售
*
2016 年 11 月第一版　　2022 年 8 月北京第七次印刷
787 毫米 × 1092 毫米　16 开本　6.75 印张　85 千字
印数 4101—5100 册　　定价 **40.00** 元

前　言

Preface

输电线路巡检是保障电网安全运行的重要方式，无人机巡检是一种高效、智能、全新的输电线路巡检模式，有别于传统的人工巡检和其他巡检模式，代表了智能电网输电线路巡检的发展方向。随着无人机巡检技术的发展进步，电力巡检已逐步过渡到“机巡为主、人机协调”的巡检模式，本书结合国网宜昌供电公司检修分公司输电运检室在无人机巡检领域中的一系列科技创新成果，对无人机改进和人机结合的现场技术经验系统总结编写而成。

本书共6章，包含输电线路巡检技术概述、输电线路特征及常见缺陷、无人机多传感器数据采集技术、无人机巡检作业、无人机巡检技术改进及无人机巡检技术展望。全书内容丰富，指导性强，以无人机巡检现场的可操作性、可指导性和实用性为目的，对无人机巡检的相关专业知识进行阐述，可作为供电企业输电线路工作人员的培训教学用书，也可用作输电线路运维人员培训教材，对于推动无人机输电线路巡检技术发展与进步具有重要意义。

本书编写过程中得到了各级领导、专家的指导和帮助，在此表示由衷的感谢。由于时间仓促，本书难免存在不足之处，恳请广大读者批评指正。

编　者

2016年8月

目 录

Contents

第1章 输电线路巡检技术概述

1.1 输电线路巡检重要性

电力是国民经济的命脉，服务千家万户。电力系统是迄今为止最复杂的人造系统之一。目前，中国的电网规模已居世界第一位，且拥有世界最高的交、直流输送电压等级以及世界上输送容量最大、送电距离最远的特高压输电工程。作为国家的重要基础设施，电网安全直接关系国家安全。

电网由输电网和配电网组成。发电厂、输电网、配电网和用电设备连接起来组成为一个集成的整体，这个整体被称为电力系统。输电线路是电力系统的重要组成部分，它的安全可靠运行直接关系到一个国家经济的稳定发展。输电线路由于长期暴露在自然环境中，不仅要承受正常机械载荷和电力负荷的内部压力，还要经受污秽、雷击、强风、滑坡、沉陷及鸟害等外界侵害，这些因素将会促使线路上各元件的老化，如不及时发现和消除，就可能发展成为各种故障，对于电力系统的安全和稳定运行构成严重的威胁。因此，输电线路巡检是有效保障线路及其设备安全的一项基础性工作，通过对输电线路的巡视检查来掌握线路运行状况及周围环境的变化，及时发现设备缺陷和危及线路安全的隐患，提出具体检修意见，以便及时消除缺陷，预防事故发生，从而保证输电线路安全和电力系统稳定。

1.2　输电线路巡检方式的发展

为了随时掌握输电线路运行情况、线路周围环境和线路保护区的变化情况，电力部门会对输电线路进行定期巡视检查。随着输电线路长度的增加，输电线路巡检成为电力部门一项繁重的日常工作。

以宜昌电网为例，该电网位于湖北电网的首端，是三峡水电外送的起点，是西电东送的通道，主要承担宜昌地区五县、三市、五个城区的电网建设与供电任务，担负着三峡大坝、葛洲坝、隔河岩、高坝洲、水布垭等大型水电厂的电力外送任务，保障宜昌境内输电线路安全，事关湖北电网乃至全国电网的安全稳定运行，责任十分重大。

截至 2016 年 3 月底，国网宜昌供电公司检修分公司输电运检室所辖 35kV 及以上电压等级线路 281 条，共计 6705.031km，其中 500kV 属地化输电线路共 42 条，长度 3255.753km，杆塔 7212 基，占全省 500kV 输电线路总量的四分之一；500kV 换流站站用线路共 7 条，长度 60.032km，杆塔 196 基；220kV 输电线路 79 条，长度 1680.773km，杆塔 4438 基（其中 9 条为共管线路）；110kV 输电线路 138 条，长度 1616.231km，杆塔 5706 基；35kV 输电线路 15 条，长度 92.242km，杆塔 377 基。

架空输电线路覆盖范围区域越来越广，输电运维任务成倍增加，220kV 及以下

线路长度达 3300 多千米，杆塔 10594 基，加之 500kV 输电线路通道运维属地化管理工作，共 41 条线路，总长 3251.525km，杆塔 7111 基，任务艰巨。而运维人员数量基本不变，加之所辖设备巡视验收、日常检修、消缺、防外破等工作压力不断增大，宜昌电网运行维护线路里程的快速增长与电网运行维护人员数量相对不足之间的矛盾逐渐显现，人工巡检不仅劳动强度大、工作条件艰苦，而且由于人员素质参差不齐，漏检误检事件时有发生，使得巡检效率极其低下，因此，电力部门急需一种成本低、周期短、效率高的巡检方式，无人机进入了人们的视野。

宜昌地形复杂，传统的人工巡检方式，一名巡线工一天一般只能检查 6 ~ 10 基杆塔，如果遇到地形复杂或恶劣天气，巡视杆塔数则会更少，而无人机只需 20 多分钟便可完成人工一天的巡检量，大幅提升巡检效率。利用无人机自身独特的空中检测优势，从不同角度拍摄图像，使运检数据资料更加完整，并能及时将现场情况传回地面控制中心。因此国网宜昌供电公司检修分公司输电运检室尝试借助无人机技术，以无人机巡视、故障点在线监控、状态巡视为基础，形成“三位一体”立体运检模式。

“三位一体”立体运检模式，是通过地面作业人员控制无人机上的摄像设备，近距离巡视了解导地线、杆塔、金具、绝缘子等部件的健康动态，同时记录线路走廊的树木生长、地理环境、线路交叉跨越等情况，它是对状态巡视的有效补充，能大大提高输电维护和检修的效率，减轻输电线路巡线工作的强度，降低输电线路的运行维护成本，提高输电线路智能化巡线水平。

1.3　无人机输电线路巡检

采用无人机进行线路巡检成为近年来研究的热点问题。无人机具有作业速度快，测量精度高、测量数据量大、自动化程度高等特点，不仅重量轻、体积较小，便于携带，而且成本低、能自动飞行，灵活性好；支持多种巡检模式，可以进行高效、非接触式、全方位的检查。无人机与各种可见光和红外探测设备搭配执行巡线任务，可以全面了解输电线路运行状况。无人机按照固定的航线自主飞行巡检或者人为操控巡检，采集图像或者视频来反映输电线路状态和周围的环境变化。无人机可以携带多种传感器对输电线路进行巡视，工作人员可以通过分析无人机对输电线路拍摄的影音资料（红外、紫外、可见光），得到输电线路存在的缺陷，尽早发现并消除可能出现的隐患。无人机巡检可以降低巡检成本，最大限度地减少线路故障造成的损失，保障输电线路正常运行。

无人机技术的发展为架空输电线路的巡检提供了新的移动平台。利用无人机搭载巡检设备进行巡线，有着传统巡线方式无法比拟的优势：

（1）无人驾驶，不会造成人员伤亡，安全性高；

（2）不受地理条件及自然条件的限制，即使遇到地震、洪涝等自然灾害，依然能够对受灾区域的输电线路进行巡检；

（3）巡线速度快，每小时可达几十千米。

将无人机这项技术应用于输电线路巡检，融合了电子、通信、图像识别等多个技术领域，形成一整套的无人机巡线系统，可以大大减轻电力巡线的人力投入，同时又能快速、安全地对线路实施巡检。

从上述无人机巡检的优势可以得出，无人机输电线路巡检具有良好的发展前景和重要的实用价值。

第2章 输电线路特征及常见缺陷

输电线路作为电力系统的重要组成部分，它担负着从电源向电力负荷中心输送电能的任务，其运行状态和安全性对于整个电力系统的稳定都有着重要影响。输电线路按结构可分为架空输电线路和电缆线路。架空输电线路作为电力系统中的一种重要输电线路，与电缆线路相比，具有投资省、易于发现故障、便于维修等优点，所以远距离输电多采用架空输电线路。输电线路按电流性质，又可分为交流输电线路和直流输电线路。虽然直流输电具有线路造价低、节省线路走廊、线路损耗小、不存在系统稳定问题、易于限制短路电流、调节快速、运行可靠等优点，但是考虑到电网整体运行维护和线路造价等因素，交流输电在世界范围内仍占绝大多数，本书主要以交流输电线路为例进行介绍。

2.1 架空电力线路的构成

架空电力线路构成的主要元件有导线、架空地线（简称地线）、绝缘子、金具、拉线、杆塔基础。

它们的作用分述如下：

（1）导线用来传导电流，输送电能；

（2）架空地线是当雷击线路时把雷电流引入大地，以保护线路绝缘免遭大气过电压的破坏；

（3）杆塔用来支撑导线和地线，并使导线和导线之间，导线和地线之间，导线和杆塔之间以及导线和大地、公路、铁轨、水面、通信线路等被跨越物之间，保持一定的安全距离；

（4）绝缘子是用来固定导线，并使导线与杆塔之间保持绝缘状态；

（5）金具在架空输电线路中主要用于固定、连接、接续、调节及保护作用；

（6）拉线是用来加强杆塔的强度，承担外部荷载的作用力，以减少杆塔的材料消耗量，降低杆塔的造价；

（7）杆塔基础是将杆塔固定于地下，以保护杆塔不发生倾斜、下沉、上拔及倒塌。

下文将对导线、架空地线、杆塔及绝缘子作具体介绍。

（1）导线。导线应具备以下特性：

1）导电率高，以减少线路的电能损耗和电压降；

2）耐热性能高，以提高输送容量；

3）具有良好的耐振性能；

4）机械强度高、弹性系数大、有一定柔软性、容易弯曲，以便于加工制造；

5）耐腐蚀性强，能够适应自然环境条件和一定的污秽环境，使用寿命长；

6）质量轻、性能稳定，耐磨、价格低廉。

常用的导线材料有铜、铝、铝镁合金和钢。这些材料的物理特性如表 2-1 所示。

表 2-1　导线材料的物理性能

材料	20℃时的电阻率（Ω·mm²/m）	密度（g/cm³）	抗拉强度（MPa）	腐蚀性能及其他
铜	0.0185	8.9	390	表面易形成氧化膜，抗腐蚀能力强
铝	0.029	2.7	160	表面氧化膜可防继续氧化，但易受酸碱盐的腐蚀
钢	0.103	7.85	1200	在空气中易锈蚀，须镀锌防锈
铝镁合金	0.033	2.7	300	抗腐蚀性能好，受振动时易损坏

在相同的导电性能和相同的抗张强度下，用铝制造导线，材料用量较省，加之铝的价格便宜，故采用铝导线最经济。

钢的导电率是最低的，但它的机械强度很高，且价格较有色金属低廉，在线路跨越山谷、江河等特大档距且电力负荷较小时可采用钢导线。钢线需要镀锌以防锈蚀。

若架空线路的输送功率大，导线截面大，对导线的机械强度要求高，而多股单金属铝绞线的机械强度仍不能满足要求时，则把铝和钢两种材料结合起来制成钢芯绞线，不仅有较好的机械强度，且有较高的电导率。由于交流电的趋肤效应，使铝线截面的截流作用得到充分利用，而其所承受的机械荷载则由钢芯和铝线共同负担。这样，既发挥了两种材料的各自优点，又补偿了它们各自的缺点。因此，钢芯铝线被广泛地应用在 35kV 及以上的线路中。

分裂导线由数根导线组成一组，每一根导线称为次导线，两根次导线间的距离称为次线间距离，一个档距中，一般每隔 30～80m 装一个间隔棒，使次导线间保

持次线间距离，两相邻间隔棒间的水平距离称为次档距。

在一些线路的特大跨越档距中，为了降低杆塔调度，要求导线具有很高的抗拉强度和耐振强度。

近年来，耐热铝合金导线、钢芯软铝绞线、碳纤维复合芯绞线等新型架空导线，由于有较多优越性能，在输电线路改造和新建中也得到应用。

（2）架空地线。架空地线一般多采用钢绞线，但近年来，在超高压输电线路上有采用良导体作架空地线的趋势。架空地线一般都通过杆塔接地，但也有采用所谓的“绝缘地线”的。绝缘地线即采用带有放电间隙的绝缘子把地线和杆塔绝缘起来，雷击时利用放电间隙引雷电流入地。这样做对防雷作用毫无影响，而且还能利用架空地线作截流线；用于架空地线融冰；作为载波通信的通道；在线路检修时，可作为电动机的电源；此外还可对小功率用户供电等。绝缘地线还可减小地线中由感应电流而引起的附加电能损耗。

对超高压和特高压输电线路，为了减小其对邻近的通信线路的危险影响和干扰影响，以及降低超高压线路的潜供电流，常用铝包钢绞线或其他有色金属线作绝缘地线。

目前，对双地线架空线路，大多采用一根钢绞线，另一根复合光缆。复合光缆的外层铝合金绞线起到防雷保护，芯部的光导纤维起通信作用。

各级电压的输电线路，架设架空地线的要求有如下规定：

1）500～750kV 输电线路应沿全线架设双地线；

2）220～330kV 输电线路应沿全线架设地线。年平均雷暴日数不超过 15 的地区或运行经验证明雷电活动轻微的地区，可架设单地线，山区宜架设双地线；

3）110kV 输电线路宜沿全线架设地线，在年平均雷暴日数不超过 15 或运行经验证明雷电活动轻微的地区，可不架设地线；

4）660kV 线路，年平均雷暴日数为 30 日以上的地区，宜沿全线架设架空地线；

5）35kV 线路及不沿全线架设架空地线的线路，宜在变电站或发电厂的进线段架设 1～2km 架空地线，以防护导线及变电站或发电厂的设备免遭直接雷击。

架空地线的型号一般配合导线截面进行选择，其配合表见表 2-2。

表 2–2　　地线采用镀锌钢绞线时与导线的配合表

导线型号		LGJ-185/30 及以下	LGJ-185/45 ～ LGJ-400/50	LGJ-400/65 及以上
镀锌钢绞线最小标称截面（mm^2）	无冰区	35	50	80
	覆冰区	50	80	100

500kV 及以上输电线路无冰区、覆冰区地线采用镀锌钢绞线时最小标称截面应分别不小于 80、100mm^2。

（3）杆塔。

1）按用途分类。架空线路的杆塔，按其在线路上的用途可分为：悬垂型杆塔、耐张直线杆塔、耐张转角杆塔、耐张终端杆塔、跨越杆塔和换位杆塔等。

悬垂型杆塔（又称中间杆塔），一般位于线路的直线段，在架空线路中的数量最多，约占杆塔总数的 80% 左右。在线路正常运行的情况下，悬垂型杆塔不承受顺线路方向的张力，而仅承受导线、地线、绝缘子和金具等的质量和风压，所以其绝缘子串是垂直悬挂的，称做悬垂串，只有在杆塔两档距相差悬殊或一侧发生断线时，悬垂型杆塔才承受相邻两档导线的不平衡张力，悬垂型杆塔，一般不承受角度力，因此悬垂型杆塔对机械强度要求较低，造价也较低廉。

耐张直线杆塔（又称承力杆塔），一般也位于线路的直线段，有时兼作 5° 以下的小转角。在线路正常运行和断线事故情况下，均承受较大的顺线路方向的张力，因此，这种杆塔称耐张直线杆塔。在耐张直线杆塔上是用耐张绝缘子串和耐张

线夹来固定导线的。

两相邻耐张杆塔间的一段线路称为一个耐张段；两相邻耐张杆塔间各档距的和称为耐张段的长度。当线路发生断线故障时，不平衡张力很大，这时悬垂型杆塔因顺线路方向的强度较差而可能逐个被拉倒。耐张杆塔强度大，可将倒杆事故限制在一个耐张段内。所以，耐张杆塔也有称做“锚型杆塔”或“断连杆塔”。

耐张转角杆塔位于线路转角处，线路转向内角的补角称为“线路转角”。耐张转角杆塔两侧导线的张力不在一条直线上，因而须承受角度合力。耐张转角杆塔除应承受垂直荷载和风压荷载以外，还应能承受较大的导线张力角度合力；角度合力决定于转角的大小和导地线水平张力。

跨越杆塔位于线路与河流、山谷、铁路等交叉跨越的地方。跨越杆塔也分悬垂型和耐张型两种。当跨越档距很大时，就得采用特殊设计的耐张型跨越杆塔，其高度也较一般杆塔高得多。

耐张终端杆塔位于线路的首、末端，即变电站进线、出线的第一基杆塔。耐张终端杆塔是一种承受单侧张力的耐张杆塔。

换位杆塔是用来进行导线换位的。高压输电线路的换位杆塔分滚式换位用的悬垂型换位杆塔和耐张型换位杆塔两种。

2）按材料分类。杆塔按使用的材料可分为：钢筋混凝土杆、钢管杆、角钢塔和钢管塔。

钢筋混凝土杆的混凝土和钢筋粘结牢固严如一体，且二者具有几乎相等的温度膨胀系数，不会因膨胀不等产生温度应力而破坏，混凝土又是钢筋的防锈保护层。所以，钢筋混凝土是制造虬枝的好材料。

混凝土的受拉强度较受压强度低得多，当电杆杆柱受力弯曲时，杆柱截面一侧受压另一侧受拉，虽然拉力主要由钢筋承受，但混凝土与钢筋一起伸长，这时混凝

土的外层即受一拉应力而产生裂缝。裂缝较宽时就会使钢筋锈蚀，缩短寿命。防止产生裂缝的最好方法，就是在电杆浇铸时将钢筋施行预拉，使混凝土在承载前就受到一个预压应力。这样，当电杆承载时，受拉区的混凝土所受的拉应力与此预压应力部分地抵消而不致产生裂缝。这种电杆叫做预应力钢筋混凝土电杆。

预应力钢筋混凝土杆能充分发挥高强度钢材的作用，比普通钢筋混凝土杆可节约钢材 40% 左右，同时水泥用量也减少，电杆的质量也减轻了。由于它的抗裂性能好，所以延长了电杆的使用寿命。

近年来，城区线路广泛采用钢管杆。

目前生产的钢筋混凝土电杆（或预应力、部分预应力钢筋混凝土电杆），等径环形截面和拔梢环形截面两种。等径电杆的直径分别为 ϕ300、ϕ400、ϕ500、ϕ550mm，杆段长度有 3.0、4.5、6.0、9.0m 四种。

角钢塔是用角钢焊接或螺栓连接的（个别有铆接的）钢架，钢管塔是用钢管由螺栓连接的钢架。它们的优点是坚固、可靠、使用期限长，但钢材消耗量大，造价高，施工工艺较复杂，维护工作量大。因此，铁塔多用于交通不便和地形复杂的山区，或一般地区的荷载较大的耐张终端、耐张直线、耐张转角、大跨越等特种杆塔。

（4）线路绝缘子。架空线路的绝缘子，是用来支持导线并使之与杆塔绝缘的。它应具有足够的绝缘强度和机械强度，同时对化学杂质的侵蚀具有足够的抗御能力，并能适应周围大气条件的变化，如温度和湿度变化对它本身的影响等。

架空输电线路上所用的绝缘子有悬式、棒式和硅橡胶合成绝缘子等数种。

悬式绝缘子形状多为圆盘形，故又称盘形绝缘子，绝缘子以往都是陶瓷的，所以又叫做瓷瓶。现在也有使用钢化玻璃悬式绝缘子，这种绝缘子尺寸小、机械强度高、电气性能好、寿命长、不易老化、维护方便（当绝缘子有缺陷时，由于冷热剧变或机械过载，即自行破碎，巡线人员很容易用望远镜检查出来）。盘形悬式绝缘子有普通型、耐污型两种。悬式绝缘子广泛用于 35kV 及以上的线路上。在沿海地区和化工厂附近的线路，使用防污型悬式绝缘子。

棒式绝缘子是一个瓷质整体，可以代替悬垂绝缘子串。它的优点是质量轻、长度短、省钢材且降低了杆塔的高度。但棒式绝缘子制造工艺较复杂，成本较高，且运行中易由于振动而断裂。

复合绝缘子是棒形悬式复合绝缘子的简称，由伞套、芯棒组成，并带有金属附件。伞套由硅橡胶为基体的高分子聚合物制成，具有良好的憎水性，抗污能力强，用来提供必要的爬电距离，并保护芯棒不受气候影响。芯棒通常由玻璃纤维浸渍树脂后制成，具有很高的抗拉强度和良好的减振性、抗蠕变性以及抗疲劳断裂性。根据需要，复合绝缘子的一端或者两端可以制装均压环。复合绝缘子适用于海拔 1000m 以下地区，尤其用于污秽地区，能有效地防止污闪的发生。

输电线路大都采用悬式绝缘子。目前线路悬式绝缘子现行标准为 GB/T 7253—2005《标称电压高于 1000V 的架空线路绝缘子　交流系统用瓷或玻璃绝缘子元件　盘形悬式绝缘子元件的特性》。

2.2 输电线路运行的影响因素

影响输电线路正常运行的因素众多，导致线路故障往往是各因素共同作用的结果，其最初诱因一般有两个：一方面是因输电线路自身电气和机械特性产生的影响；另一方面就是输电线路所处环境对正常运行的影响。

2.2.1 输电线路特性对运行的影响

（1）输电线路电气特性的影响。输电线路除需长期承受正常运行电压的作用之

外，还需承受因系统故障、分合闸操作等引起电力系统内部过电压和由雷击造成的雷电过电压。随着输电线路电压等级的升高、输送容量增大、送电距离增长，在出现大负荷、单相接地故障、电源电压升高等情况时更易出现波头陡、频率高的内部过电压，导致设备绝缘击穿或闪络，威胁电气设备的安全。

当输电线路导线表面的电场强度超过空气的击穿强度时，导线表面将出现电晕放电。放电产生氧化性和腐蚀性气体（O_3、NO、NO_2），会加速线路设备的老化，同时产生电风，对电风反作用的积累，会使导线产生大幅的低频舞动，这些电晕引起的现象都会对输电线路的正常安全运行造成影响。绝缘子电晕放电示意图见图 2-1。

图 2-1 绝缘子电晕放电

（2）输电线路机械特性的影响。悬挂于两基杆塔之间的一档导线，在导线自重、冰重、风压等荷载作用下，任一横截面上均有一内力存在。导线单位横截面积上的内力就成为导线应力。一档导线中其导线最低点应力的方向是水平的，其弧垂与应力的关系是：弧垂越大，应力越小：反之，弧垂越小，应力越大。因此，从导线强度安全角度考虑，应加大导线弧垂，减小应力，以提升安全系数。但若片面的追求增大弧垂，则为保证足够的导线对地距离，需加大杆塔高度或缩小挡距，使线路投资大幅增加。实践中为解决安全和经济的矛盾，采用在最恶劣气象条件下导线机械强度允许的范围内尽可能减小导线弧垂，因受到外部环境不确定因素的影响，存在产生超出导线机械强度的应力，发生断线等事故的可能。又因输电线路的结构参数大、运行环境恶劣，加大了这种可能。输电线路及弧垂示意图见图 2-2。

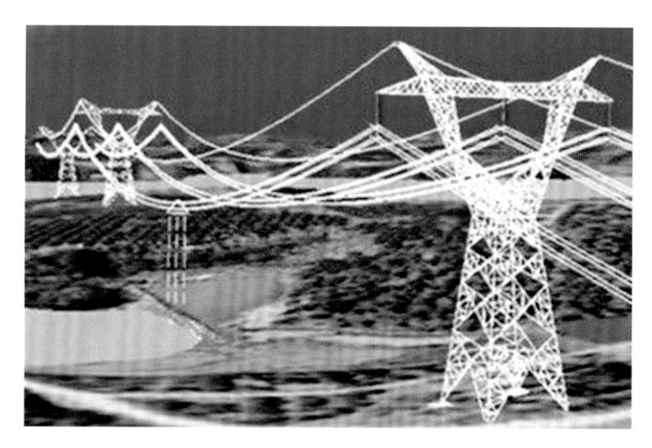

图 2-2　输电线路及弧垂

输电线路中的杆塔和绝缘子用来支持导线和避雷线及其附件，受到多种荷载的作用，除受到各线路设备的永久荷载，还受到风雪及线路振动引起的可变荷载。按照荷载在杆塔和绝缘子上的作用方向，可分为水平荷载、纵向荷载、垂直荷载。因此，需合理选择杆塔结构形式和材料种类承受各种荷载，为输电线路的安全运行提供支撑。绝缘子承受负载及其放电示意图见图 2-3。

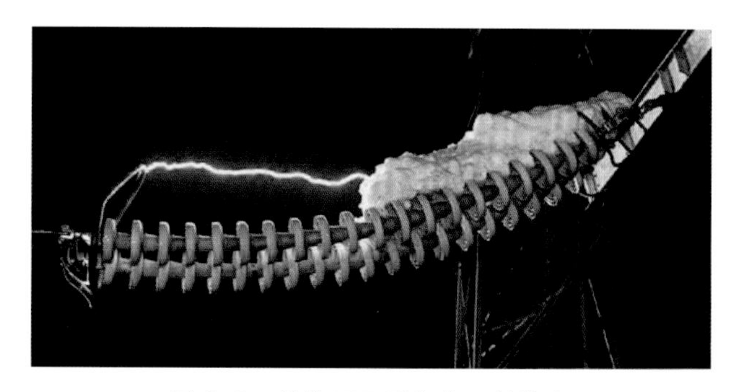

图 2-3　绝缘子承受负载及其放电

输电线路的杆塔基础就是将杆塔牢固地稳定在大地上的根基，见图 2-4，使杆塔在各种受力情况下不倾覆、下陷和上拔。因为输电线路杆塔基础面积是有限的，埋入土中的深度也是有限的，加上地基本体自身重量产生的自重应力、杆塔荷载引起的附加应力、土壤中渗流引起的渗透力等，使高压杆塔发生沉降、倾斜。轻微的沉降、倾斜会使导地线、绝缘子串和接续金具受力不平衡，减少绝缘间隙，严重时会发展成倒塔，造成线路断线甚至引起更严重的连锁反应事故。

图 2-4　线路杆塔基础

2.2.2　输电线路环境对运行的影响

架空输电线路将电能从发电厂输送到负荷中心，沿途需翻山越岭、跨江过河，既要经受严寒酷暑，还要承受风霜雨雪。严酷的环境条件对架空输电线路提出了与大自然相适应的要求。同时，人类生产活动和动物活动也不可避免地对输电线路造成一系列的影响。

（1）自然环境对输电线路的影响。沿线自然环境对输电线路的影响，主要是通过气象状况形成影响。有关的气象参数有风速、覆冰厚度、气温、空气湿度、雷电

活动的强弱等。对输电线路有影响的气象参数主要为风速、覆冰厚度及气温，它们被称为架空输电线路设计气象条件三要素。

1）风的作用。风对架空输电线路的影响主要有三方面：首先，风吹在导线、杆塔及其附件上，增加了作用在导线和杆塔上的荷载。其次，导线在由风引起垂直线路方向的荷载作用下，将偏离无风时的铅垂面，从而改变了带电导线与横担、杆塔等接地部件的绝缘间隙距离。第三，导线在稳定微风（0.5～8m/s）的作用下将引起振动；在稳定中速风（8～15m/s）的作用下将引起舞动；导线的振动和舞动都将危及线路的安全运行。为此，必须充分考虑风的影响。

2）覆冰的影响。覆冰对输电线路安全运行的威胁主要有三方面：一是由于导线覆冰，荷载增大，引起断线、连接金具破坏，甚至倒杆等事故（见图 2-5）；二是由于覆冰严重，使导线弧垂显著增大，造成导线与被跨越物或对地距离过小，引起放电闪络事故等；三是由于不同时脱冰使导线跳跃，易引起导线间以及导线与避雷线间闪络，烧伤导线或避雷线。发生冰害事故时，往往正值气候恶劣、冰雪封山、通信中断、交通受阻、检修困难之时，从而造成电力系统长时间停电。

图 2-5　杆塔覆冰倒塌

3）气温的影响。气温的变化，引起导线热胀冷缩，从而影响输电线路的弧垂和应力。气温越高，导线由于热胀引起的伸长量越大，弧垂增加越多，在线下有树木生长时，容易造成导线和树木两者之间距离过近（见图 2-6），电压极可能击穿空气对树放电，形成短路而造成故障。

图 2-6　线路的树木生长

2003 年 8 月 14 日发生了世界上最严重的北美大停电事故。其最初原因就是天气炎热，负荷激增，线路重载（但未过载）后发热严重，导线变软下垂加剧，再加上线路走廊内的植物生长超过预计，多种因素导致三条 345kV 重要线路在低于输电线路正常事故运行极限的情况下跳闸及其连锁事故发生，最终酿成了号称“世纪大停电”的史上最大停电事故。

因此在输电线路巡检过程中，需要及时掌握气象资料和输电线路的基本情况，及时排除自然环境中对输电线路安全运行的潜在威胁。

（2）人类及动物活动对输电线路的影响。输电线路除了受到恶劣气象的侵袭外，还因其线路长、通道宽等原因，较易受到人类和动物活动的破坏。在电力设施保护区内进行的违章施工、违章建房、非法采矿、违章植树等都易造成对输电线路的破坏，导致跳闸等事故。在线路保护区非法采矿，炸石开采容易损伤导线及杆塔等电力设施，特别是在距杆塔较近处开采，将导致杆塔倾斜、下沉。另外，有些破坏分子也会偷盗电力设施，对输电线路的正常运行造成影响。图 2-7 所示为山火对输电线路的危害。

人类活动对输电线路造成的侵害，可通过对法律、法规的宣传和执行进行规避，但动物因其习性对输电线路的破坏就要靠采取相关技术措施尽量减少了。

图 2-7　山火对输电线路的危害

2.3　输电线路的缺陷及特征

输电线路设计和选型过程中考虑了路径所处环境及相关因素影响，增强线路抵抗不利因素的能力，提高输电线路安全可靠运行性能。但在实际运行过程中，线路设备不可避免地受到各种因素长期持续作用，导致输电线路设备老化或被腐蚀，出现一系列绝缘缺陷，从而导致电网事故。因此分析引起输电线路绝缘缺陷的原因及特征，对保证输电线路安全具有重要意义。

2.3.1　输电线路的缺陷

由于输电线路长期运行、外力破坏、自然灾害等原因，使其发生变化，包括损坏、老化、劣化，以及由于线路周围环境变化如污染源增加、树木生长、房屋建造等，使线路无法达到运行标准，改变了设备性能。这种危害线路及设备安全运行或扩大线路损坏程度的异常现象即为输电线路缺陷。输电线路缺陷按发生的部位可分为本体缺陷、附属设施缺陷和外部隐患三大类。

（1）输电线路本体缺陷。组成输电线路本体的全部构件、附件及零部件，包括基础、杆塔、导地线、绝缘子、金具、接地装置、拉线等发生的缺陷，无法达到运行标准，这类缺陷被称为输电线路的本体缺陷。造成输电线路本体缺陷的主要原因有线路建设质量、运行自然环境、人为或动物破坏等。由于输电线路走廊的规划及其运行特性，人或动物造成的缺陷占线路总缺陷的比例较小，且此类缺陷可以通过加强管理措施减少或杜绝。而由自然原因，如风、雷、冰等造成的输电线路缺陷较为普遍，且影响较为严重。因此，当前输电线路出现的缺陷主要是由自然原因造成，要做好线路的运行和维护需了解主要缺陷的发生机理和特征。

常见线路的本体缺陷有风偏放电、导线振动、雷击导线、导线和绝缘子覆冰、绝缘子污秽放电等。

1）导线振动。导线振动根据导线受力的不同可分为微风振动、舞动和次档距振动三种。

输电导线受到风速为 0.5～10m/s 的微风作用时，导线在旋涡气流的作用下使导线受到上下交变的力，当旋涡气流的交变频率与导线的固有频率相等时，就会引起导线在垂直平面内的共振，叫作微风振动。微风振动的特点是振幅小、频率高、持续时间长。振幅一般小于导线的直径，最大为直径的 2～3 倍。振动频率在100Hz以内，观察到的多为10～50Hz。振动的持续时间一般为数小时，在某些开阔地带和风速十分均匀稳定的情况下，振动时间会更长，能达到全年时间的30%～50%。微风振动的波形为驻波，波节不变，波幅上下交替变化，线夹出口处总是波节点，因此，导线的微风振动使导线在线夹出口处反复拗折，使导线材料疲劳，造成导线断股、断线、线夹等金具磨损、连接松动等缺陷。

输电线路采用分裂导线，为保持各子导线的间距，防止各子导线发生鞭击，每隔一定距离安装一个间隔棒，相邻间隔棒之间的水平距离称为次档距。在风速为5～15m/s的风力作用下，由迎风导线产生的紊流，影响到背风导线而产生气流的扰动，破坏导线的平衡产生振动，称为次档距振动。其振动表现为各子导线不同期的摆动以及周期性的分开和聚拢，一般频率为1～5Hz，振幅为导线直径的4～20倍。次档距振动会造成分裂导线各子导线相互撞击而损伤，在间隔棒线夹处产生疲劳断股，磨损线夹，使线夹与导线连接松动。

导线舞动表现为垂直上下而稍倾斜的椭圆形运动，并伴有左右扭摆，振幅较大，一般可达10m以上，频率较低，一般为0.1～3Hz。舞动的起因一般认为因导线覆冰而改变导线的几何形状和重心，月牙形冰覆盖在导线迎风侧形成一个翼面，表现出一定的空气动力特性，强风吹过时，导线受到一个向上的升力作用。上升力和导线重力使导线产生垂直振动。同时，导线受水平力作用，产生扭转振动。两种振动的频率相耦合就造成了导线的舞动。导线舞动因振幅大、持续时间长，容易发生混线闪络烧伤导线、损坏金具、杆塔部件损坏、螺栓松脱等缺陷。

2）雷击导线。因输电线路的绝缘水平很高，使得雷击避雷线或塔顶发生反击闪络的可能性降低，而绕击较易发生。雷击跳闸多引起绝缘子闪络放电，造成绝缘子表面存在闪络放电烧伤痕迹。绝缘子放电，易使铁件烧伤、熔化，绝缘子表面破裂、脱落。另外，雷击还会使导线或地线断股、断线，烧坏接地引下

线及金具。

3）导线和绝缘子覆冰。导线覆冰是受温度、湿度、冷暖空气对流、环流以及风等因素决定的综合物理现象。当云中或雾中的水滴在 0℃或更低时与输电线路导线表面碰撞并冻结时，导线就出现了覆冰现象。覆冰会造成输电线路过荷载而引起倒塔断线、促使导线舞动，还会引起绝缘子冰闪。

由于覆冰时杆（塔）两侧的张力不平衡，当线路上出现大密度的覆冰时，杆（塔）两侧的不平衡张力加剧，当张力不断加大，到达杆（塔）、导线所能承受的极限时，就出现了导线断落或杆（塔）倒塌的现象。

导线覆冰后，在风的激励下，会产生大振幅、低频率的自激振动。当舞动的时间过长时，会使导线、绝缘子、金具、杆（塔）受不平衡冲击疲劳损伤。

绝缘子串表面形成覆冰后，在绝缘子伞裙间形成冰桥，绝缘强度下降，泄漏距离缩短。当气温升高，在融冰过程中冰体表面或冰晶体表面的水膜会很快溶解污秽物中的电解质，并提高融冰水或冰面水膜的导电率，引起绝缘子串电压分布的畸变，从而降低覆冰绝缘子串的闪络电压，导致局部首先起弧并沿冰桥发展呈贯穿性闪络。绝缘子冰闪不仅会损伤绝缘子，还会对均压环、线夹、导线造成损坏。

4）绝缘子污秽放电。在线运行的绝缘子，在自然环境中，受到 SO_2、氮氧化物以及颗粒性尘埃等大气环境的影响，在其表面逐渐沉积了一层污秽物。当遇有雾、露、毛毛雨以及融冰、融雪等潮湿天气时，绝缘子表面污秽物吸收水分，使污层中的电解质溶解、电离，产生可在电场力作用下定向运动的正负离子，相当于在绝缘子表面形成了一层导电膜，该表面流过的泄漏电流会急剧增加，导致设备发生闪络现象，叫作污闪。污闪是不稳定的，呈间歇性的脉冲状，放电形式有火花状放电、刷状放电、局部电弧等。

5）电晕放电。输电线路设备电极表面电场强度超过临界电晕场强时，设备周围电场曲率半径较小的区域会产生电晕放电。电晕不仅会造成线路输送能量的损失，还会产生无线电干扰和可听噪声。对于高电压电气设备，发生电晕放电会逐渐破坏设备绝缘性能。另外电晕放电现象还会使空气中的气体发生电化学反应，产生一些腐蚀性的气体，造成线路的腐蚀。

（2）输电线路附属设施缺陷。附属设施缺陷是指附加在线路本体上的线路标识、安全标志牌、各种技术监测及具有特殊用途的设备，例如雷电测试、绝缘子在线监测设备、防鸟装置发生缺陷。线路标识、警示牌、安全标志牌会受到风雨等外力的破坏而损坏、锈蚀、松动位移，受到鸟类的啄食，鸟粪、鸟窝、大气污秽物等异物的覆盖而产生字迹不清的缺陷。各种监测设备因长期暴露在恶劣的户外环境中，也会出现机械或电气的故障，而使其不能正常工作。铁塔攀爬机、防坠落装置等机械系统，在户外环境中易受到破坏和锈蚀，并因输电线路的受力变化而产生损坏和变形，又因环境温度等的不断变化紧固件也会产生松动。

（3）输电线路外部隐患。外部隐患是指外部环境变化对线路的安全运行已构成某种潜在性威胁的情况，如在保护区内违章建房、线路中的各类树木、堆物、取土以及各种施工。随着国民经济的快速发展，线路通道保护区内违章植树、非法采矿、建设施工等危害电力设施安全运行的问题日益突出。这些外部缺陷主要有：向线路设施射击、抛掷物体；攀登杆塔或在杆塔上架设电力线、通信线；在线路保护区内修建道路、油气管道、架空线路或房屋等设施；在线路保护区内进行农田水利基本建设及打桩、钻探、开挖、地下采掘等活动，在杆塔基础周围取土或倾倒酸、碱、盐及其他有害化学物品；在线路保护区内兴建建筑物、烧窑、烧荒或堆放谷物、草料、垃圾、矿渣、易爆物及其他给安全供电造成隐患的物品；在线路保护区内有进入或穿越保护区的超高机械；导线风偏摆动时可能引起放电的树木或其他设

施；线路边线外 300m 区域内施工爆破、开山采石、放风筝；线路附近河道变化及线路基础护坡、挡土墙、排水沟破损。

2.3.2 输电线路缺陷的共性特征

尽管上述输电线路的本体缺陷、附属设施缺陷和外部隐患的产生原因、发生机理和对线路构成的危害各不相同，但是各种缺陷表现出了较为统一的物理特性，输电线路主要缺陷表现特性详见表 2–3。

表 2–3 输电线路主要缺陷表现特性

缺陷种类	可见光缺陷	热缺陷	紫外缺陷
导线松股、断股、老化	√	√	√
导线和金具连接松动	√	√	√
闪络、放电	√	√	√
电晕		√	√
绝缘子老化	√	√	√
导线舞动	√		
覆冰	√		√
通道缺陷	√		
杆塔缺陷	√		√

本体的缺陷如塔材缺失、倒塔断线等，附属设施的缺失、字迹不清，外部隐患的安全距离不足等，能够通过视觉反映出来，实质上是输电线路缺陷表现出的可见光学特性。

输电线路的缺陷里，不论是因振动造成导线、金具疲劳破损或线夹等金具连接松动，还是雷击造成的设备破损、风偏放电造成导线烧坏、绝缘子老化，在线路运行过程中，都会出现高于正常设备运行的发热现象，这些缺陷均表现出了热缺陷特性。

不论何种原因导致的导线断股、金具磨损、连接松动，也不论何种原因导致的电晕、放电、闪络，在线路运行中，这些缺陷出现时都会伴随着紫外线的释放。

输电线路缺陷表现出的上述特性，涵盖了输电线路运行中较常出现的各种缺陷和隐患。因此，可以从输电线路缺陷的这三个特性入手，去发现线路运行中出现的各种缺陷和隐患从而提高巡视效率，避免出现“过度巡视”和“巡视不足”的问题。

第3章 无人机多传感器数据采集技术

3.1 无人机系统及技术简介

3.1.1 无人机的分类及巡线特点

无人机（Unmanned Aerial Vehicle, UAV）是一种利用无线电遥控设备或自身程序控制装置操纵的无人驾驶飞行器。英国发明家皮特·库柏（Peter Cooper）与埃尔默·A·斯佩里（Elmer A. Sperry）于 1917 年发明第一台无人机，并将其应用于军事领域。随着无人机技术逐渐成熟，制造成本和进入门槛降低，消费级无人机市场已经爆发。近几年来，无人机在电力线巡线方面的应用已经锋芒毕露。按照系统的构成与飞行的特点，用于电力巡线工作的无人机有固定翼型无人机、无人驾驶直升机与无人驾驶飞艇等类型。

（1）固定翼型无人机。固定翼型无人机是机翼外端后掠角可随速度自动或手动调整的、机翼固定的一类无人机。其特点是利用动力系统与机翼的滑行实现升起、降落与飞行；其遥控飞行与程控飞行都能轻易完成；抗风性能也很好；航行速度快，可达 100km/h 到 200km/h，是种类最多的无人机。在巡线过程中不但反应快，且机动性强，可用来对大范围、大面积、长距离电力线路的总体情况进行巡查。巡线时不需工作人员操作，可手动和全自主飞行。但固定翼无人机起降限制多，不能悬停，并且巡航条件下速度过快、要求高度过高，在很大程度上无法满足使用条件，只能在电力线路上方沿单方向进行巡查，并可依据实际需求降低巡检时的高度及速度，其发展方向是小型化和长续航时间。

（2）无人驾驶直升机。无人驾驶直升机也称旋转翼无人机，其升力是由旋转桨叶提供的，水平运动是桨叶旋转面倾斜产生的。该无人机具备垂直起降的能力，且对起降场地要求很低，极大地提高了自适应性。其飞行控制分为两种：一是利用无线电进行遥控；二是利用自身计算机进行程控。但它的结构与其他类型相比没有那么简单，航行速度较慢，一般都在 100km/h 之内，巡航的时间较短，且其价格较高。但由于其航行方向可变，可获得更加全面的巡查效果，多用在中、短距离的巡线或者对已确定故障段进行悬停式细节检测。

（3）无人驾驶飞艇。无人驾驶飞艇。其飞行的动力源自于艇囊中填充的氦气或氢气所产生的浮力及发动机自身，而发动机提供的动力主要用在无人驾驶飞艇水平移动以及艇载设备的供电上，所以其节能性能较好，而且对于环境的破坏也较小。大型无人驾驶飞艇能够承载 1t 以上的装置飞至 20km 的上空，并停留 30 多天；小型无人驾驶飞艇能够进行低空、低速飞行。无人驾驶飞艇以其独有的优势可拍摄到高分辨率的影像。同时，其系统操控非常简单，安全性良好，非常适用于建筑物排列紧凑的城市及地形复杂区域。

（4）多旋翼无人机。多旋翼无人机是一种具有三个及以上旋翼轴的特殊无人

机，其通过每个轴上的电动机转动，带动旋翼，从而产生升推力。通过改变不同旋翼之间的相对转速，可以改变单轴推进力的大小，从而控制飞行器的运行轨迹。

小型旋翼机的重量小，成本低廉，操作简单，靠无线电遥控飞行，能够定点起飞，降落，空中悬停。其飞行速度较慢，而且续航时间极短，只能作短距离的巡线。一般是在已确定故障段的情况下，用小型旋翼机悬停于故障段，做低速、定点的细节观察。小型旋翼机实施细节检测如图 3-1 所示。

图 3-1　小型旋翼机（四旋翼）巡线图

小型旋翼机机体较小，巡线的实时性高，实行高精度控制，并实时获取目标高清图像。设备易于检测、维修与训练。可快速更换易损件、备用动力电池组合；可快速充电，保障持续飞行。具有车载大范围机动和个人携带能力，并且使用方便，培训简单。

3.1.2　无人机巡检系统的组成

无人机巡检系统结构图如图 3-2 所示，整个系统分为机上巡检系统和地面站巡检系统两部分。无人机地面站部分是整个无人机巡线系统的“神经中枢”，控制着整个系统各项功能的成功实现，包括飞行操纵、航迹规划，接受巡线图像信息。此系统通过对可见光相机或红外热像仪拍摄的实时图像进行处理和识别，提取图像的特征，同时依据图像的特征来自动地诊断输电线路的故障，从而实现系统相应的功能。

无人机机上巡检系统则由无人机、检测、无线通信、数据管理四个分系统组成。

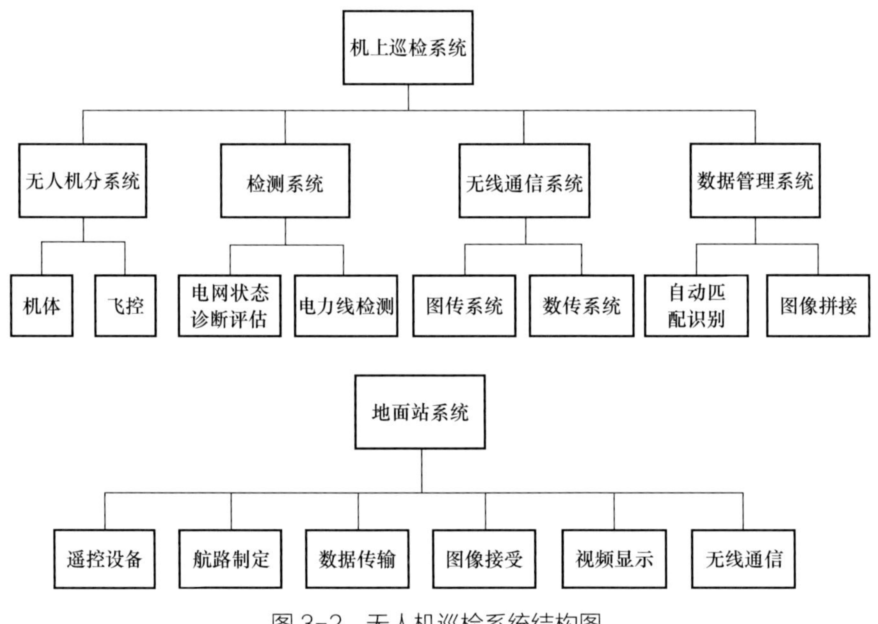

图 3-2　无人机巡检系统结构图

（1）无人机分系统。无人机分系统主要包括无人机机体和无人机飞行控制（简称飞控）。其中，无人机机体主要有机翼和机身两部分。无人机的飞控一般包含方向、副翼、升降以及油门等来控制舵面，利用舵机转动飞机的翼面，从而产生一定的扭矩，以操纵无人机转弯、攀升、俯冲等航行动作。固定翼无人机具有两种不同控制的模式：第一种是，根据事先设置好的目标空速，如果实际空速超过目标空

速，控制升降舵表现为拉杆，否则推杆；由于空速的大小会关系到飞行的高度，所以使用油门来改变无人机的高度。如果飞行高度远在目标之上，就减小油门，否则加大油门。第二种是：事先设定好平飞时的迎角，如果飞行高度大于或小于目标高度，通过计算飞行高度与目标高度之间的差来设置一个经由 PID 控制器输出的限制幅度爬升角，由无人机当前俯仰角与爬升角之间的偏差来控制升降舵面，使无人机迅速达到该爬升角，从而迅速消除高度偏差。两种控制模式可以有机地结合到一起，在第二种控制模式下，如果空速小于一定速度，则诊断为有异常发生，马上转换为第一种控制模式从而保证无人机的安全。

一般无人机的飞行控制系统都需要具有以下功能：

1）在任何气流情况下都要保持稳定的飞行姿态；

2）在给定高度保持飞行的平稳性；

3）按照给定航向角保持飞行的平稳性；

4）采集飞行信息，并及时发送给地面控制台；

5）发出控制指令时，可实时地做出相应地动作；

6）具备应急处理的功能。

（2）检测系统。检测及无线通信系统的组成如图 3-3 所示。无人机的检测设备包括机载部分搭载的吊舱、可见光检测、红外线检测以及存储器等设备，用于对电力线及杆塔等设备的搜寻及拍摄，并实时地通过无线通信传给地面站。可见光主要用于对输电线路的巡查。红外主要用于查找由各种故障引起的局部热点。

（3）无线通信系统。无人机的无线通信系统是用于将控制信息从地面站发送到无人机即上行通道，和将无人机的各种飞行状态及采集到的各种信息发送到地面即下行通道。对于无人机巡线系统来说无线通信系统通常包括数据和图像两个传输系统。数据传输系统主要用于完成无人机各种飞行状态数据的上下行传输，以实现对无人机的实时控制。图像传输系统主要用于可见光及红外视频的上下行传输，以确保检测设备拍到的图像实时传输到地面站。

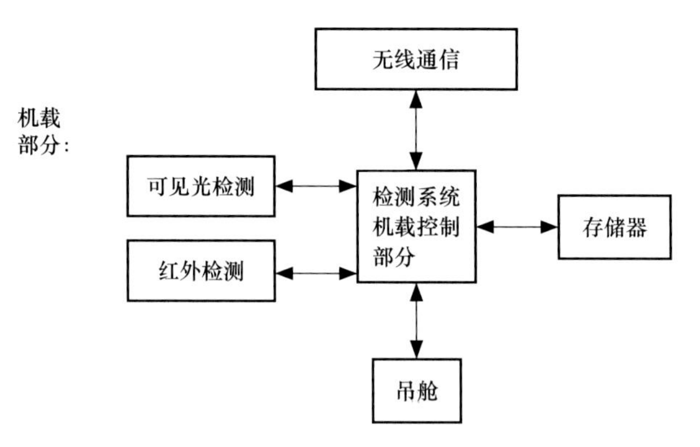

图 3-3　检测及无线通信系统结构图

（4）数据管理系统。数据管理系统主要由图像与电力线的自动匹配和图像的自动拼接两个模块组成。其主要功能是在离线情况下对机载部分检测到的图像数据与数据库中已存在的数据进行比较，将图像与输电线路进行一一匹配，然后确定图像与输电线路对应关系，再进行图像的智能化分析，从而生成缺陷报告。通过数据管理系统对检测精度和后台检测效率都有明显的提高，对故障的查询以及集中管理更有益处。

3.2　无人机巡检作业方式

无人机电力巡线是一种新的巡检方法，是指在无人航空设备上装备可见光检测仪与红外热成像仪等载荷，对输电线路进行检查和录像，具有效率高不受地域影响等优点。

3.2.1　巡检内容及过程

无人机电力巡线可分次进行红外和可见光巡视，并进行全程录像和航拍。这种将多种传感设备同时搭载在无人机上对线路进行全方位巡视的方法，能更为有效地发现线路中的潜在故障，尤其在高山峻岭、人烟稀少等人工难以巡视的区域更能显出其优越性，在线路巡视方面是一个巨大的飞跃。

无人机通常以一定的速度按水平或稍高于电力线路的轨迹飞行，同时用机载可见光摄像仪及红外热成像仪以 45° 水平角左右在线路斜上方对导线、杆塔、绝缘子、金具、线路走廊内的各个目标进行扫描、录像、拍照及巡查。

在巡检过程中，飞机通过预先设定好的 GPS 坐标，始终按导线的方向和高低变化进行沿线飞行，使目标不脱离视场，不发生任何漏查现象。同时，飞机遇到高层建筑物要绕行。若遇到线路下降较大处，飞机要飞转回来从低处向高处飞行。无人机对某一线路一侧巡线至终点后，将转到线路另一侧巡查。

无人机输电线路巡检内容主要有以下三个部分：

（1）航巡任务。巡线无人机通常要执行以下三项主要任务：故障巡线、常规巡线、年度巡线。

（2）作业项目。无人机输电线路巡检的作业项目主要有可见光录像、远距离摄影、红外热成像、绝缘子检测；使用的主要设备有高速摄像机、摄影机、红外热成像仪。

可检测线路的主要缺陷包括线路通道障碍，线路金具的松脱、缺失和磨损，绝缘子劣化、破裂和污秽，部件错误搭接，间隔棒松脱和损坏，导线和地线磨损，导线和金具内部的损伤、导线连接点过热等。

（3）无人机巡检过程。无人机巡检过程：无人机搭载摄像头、红外成像仪或导线损伤探测仪等任务设备；具有自主导航定位功能的地面控制站，控制飞机自主起飞，沿线路高低起伏飞行；数字图像传输电台实时传送巡检中的视频录像；地面检查人员根据实时视频判断线路情况，并根据 GPS 定位判断位置并记录，完成一次飞行后，飞机自主开伞降落，回收。

现阶段，无人机获取的光学影像及视频数据主要通过人工判读，解译危险点。国内外也开展了通过影像数据建立三维电力线走廊及自动计算电力线到周围植被距离的研究。在重建电力线走廊时，需要对电力线进行自动化提取，确定电力线的位置及方向。在设计算法进行电力线自动提取前，需要总结电力线在无人机影像中的特征。

3.2.2 无人机航拍影像中输电线路的特征

电力线在影像中通常有如下特征：

1）输电线路比较长，通常贯穿整个图像区域；

2）无人机飞行高度较低，输电线路的像素宽度大致为 3~5 个像素；

3）输电线路由特定金属材料制成，输电线路像素在影像中，以输电线路中心线左右对称，电力线中心线处亮度极大；

4）输电线路在影像中通常类似于直线，各档电力线在影像中基本是平行关系。不同高低电力线在影像中会有灰度值的差异；

5）输电线路影像背景通常为自然物及建筑物；

6）由于无人机重量轻，飞行速度快，在飞行过程中，受到气流的影响，极易造成镜头抖动，在影像中产生“运动模糊”。

从具有复杂自然背景影像中自动提取电力线信息，通常分为两个步骤，第一，采用合适的滤波或边缘检测算子，最大化地滤除掉背景噪声，以最小的损失保留电

力线信息；第二，采用一种直线检测算子，对电力线进行精确拟合，计算电力线的位置及方向。

无人机平视拍摄如图 3-4 所示，无人机俯视拍摄如图 3-5 所示。

图 3-4　无人机平视拍摄图片

图 3-5　无人机俯视拍摄图片

3.3　无人机与多传感器集成耦合

在无人机巡检工作中，希望通过传感器合理配置，在一次飞行中发现尽可能多的故障、缺陷和隐患，提高巡检工作效率，降低飞行风险。同时，传感器数据间应具有较强的空间和时间关联性，便于数据的同步展示和联合冗余分析，提高巡检质量。无人机电力巡检技术问题的关键就是在保证飞行安全的前提条件下，实现最有效的传感器载荷集成。

3.3.1 多传感器信息融合的基本原理

人们通过眼、耳、鼻、皮肤等器官来获取诸如视觉、听觉、嗅觉、触觉的多源信息，器官就如同各种不同的传感器。人们先将知识同获取到的信息结合起来，感知到周围的环境信息并作出相应的分析判断。从大脑感知并处理周围信息中，可以类推出多传感器信息融合的基本原理。与人们的各种器官类似，将多传感器信息融合系统对各个传感器获得的信息进行协同处理，并制定相应的规则，对多个传感器的信息进行综合优化处理。经过处理，得到新的且更有价值的信息，不仅更好地对被测对象进行描述，而且传感器的有效性也有所提高。通过以上的阐述可以知道，与单个传感器信息处理或低层次的多传感器数据处理方式相比，多传感器信息融合主要通过各传感器之间的互补作用，同时综合其他优势来提高整个传感器信息融合系统的智能性。

3.3.2 传感器的选择要求

与人工巡检不同，无人机系统巡检不便或不可能实现直接人工干预，对问题的判断多依赖于后期数据处理分析，从而对传感器的功能、性能和集成提出了较高要求。根据输电线路故障、缺陷和隐患的类型，可以明确传感器选择需求；根据传感器配置、安装以及无人机平台的载荷限制，可以明确传感器集成需求。

目前市面上可选的传感器种类主要有以下 5 类：

（1）可见光检测设备。采用可见光波段的成像传感器对导地线、杆塔、金具、

绝缘子等部件的外形、大小、颜色、完整性，以及线路走廊内的树木生长、地理环境、交叉跨越等情况进行记录，代替人眼进行工作，必要时可进行全程跟踪录像。可见光设备主要包括高清数码相机、高清摄像机等，并配以多种规格的可见光镜头。

（2）红外检测设备。采用红外热像仪等成像型测温设备对输电线路导线、金具、绝缘子等进行红外成像和温度反演，通过热辐射的分布特征分析数据，并判断温度是否在正常范围，必要时进行全程红外跟踪录像。红外设备主要包括制冷型和非制冷型测温设备，并配以多种规格的红外镜头。

（3）紫外检测设备。通过特殊的滤镜，使仪器检测波长在 240～280nm 之间的光信号，以排除太阳光的干扰，实现全天候导地线、金具和绝缘子串异常放电检测，再通过与可见光、红外检测结果对比，综合分析确定异常放电的原因。紫外检测设备通常具备放电强度计量功能，并与可见光摄像机进行视场配准，实现双光谱显示。

（4）空间扫描设备。空间扫描设备通过扫描输电线路及其覆盖区域的地物地貌，构建线路设备与走廊的三维空间关系，用于重建线路走廊三维模型和空间量测。空间量测可以测定输电线路与周边物体的安全距离，分析电力线走廊地表变化和树木生长速度。常用的设备有激光扫描仪和立体相机等。

（5）定位定姿系统（Position and Orientation System，POS）。POS 是全球导航卫星系统（Global Navigation Satellite System，GNSS）接收机与惯性组合导航系统，可以为各传感器提供实时的高精度位置和姿态数据，实现整体的空间分析。使用空间扫描设备时需要该系统。

3.3.3　传感器集成要求

多传感器集成要求主要包含以下 5 个方面：

（1）**时钟同步**。为保证传感器获取数据能够有效统一在同一时间坐标下，传感器集成时需采用时钟同步技术，为所有传感器数据标记统一的时间戳。

（2）**集成安装**。为保证传感器获取数据能够有效统一的在同一空间坐标下，集成时应保证各传感器视轴方向一致，安装框架应有足够的刚度，以保证在振动条件下各传感器的视轴变化在容许的范围内。

（3）**视轴稳定**。在飞行中，考虑到无人机飞行姿态变化、振动、侧风等因素影响，集成传感器必须安置在稳定平台上，实现振动及干扰力矩隔离，保证传感器视轴稳定、拍摄图像清晰。

（4）**外形限制**。目前民用无人机系统规格和载重水平有限，集成多种传感器时应充分考虑吊舱控制性能和重量体积的折中。视轴稳定性要求越高，所需的机械结构越复杂，能够集成的传感器也越有限。对于电力巡检工作，控制精度不是首要考虑的因素，因此在集成设计时可适当向功能方向倾斜。

（5）**自动跟踪**。自动化巡检需要传感器吊舱具备自动跟踪的能力，以减少人工操作工作强度，提高巡检数据获取质量。目前军事吊舱用的图像识别跟踪算法对输电设备识别跟踪效果不理想，在集成设计时可不考虑安装图像识别设备，而是利用空间坐标计算等方式，从上层控制实现吊舱的自动跟踪。

3.4 无人机巡线的数据处理及诊断

无人机巡视完成后，将多传感器拍摄到的输电线路高清图通过通信系统传到地面站系统。地面站系统主要是将传送回来的图片数据进行接收、存储，进行图像缺陷分析和识别处理。因此，地面站监控系统不仅要准确实时地显示无人机的飞行状态与图像信息，而且要具有输电线路缺陷识别的能力和图像智能识别系统。

在输电线路巡检过程中拍摄的输电线路图片，过去常常通过人的肉眼来观察识别，判断线路是否有缺陷。然而这种方式具有一定的局限性，一些比较明显或者直观的缺陷较容易被发现，但由于无人机受气流的影响会产生镜头抖动，造成影像的“运动模糊”，进而导致一些细微的隐患不太容易被发现，而且不同部件产生的缺陷又不相同，人工判断容易出现偏差。尤其当大量图片需要分析判别时，工作人员难免产生疲惫，更容易出现判断失误，且难以形成一套完善的线路缺陷判断方法。通过图像缺陷识别技术来对输电线路的缺陷进行识别，可以解决人眼判别存在的问题，使检测过程的规范性与可靠性得到了很大提升，提高了线路巡检的效率，保证了线路缺陷能及时全面地发现并得到解决。

3.4.1 图像缺陷识别技术原理

图像识别是指通过计算机对图像进行处理、分析，得出不同对象与目标的技术，在识别过程中，将需要进入感官的信息与记忆中存储的信息相结合，存储的信息和当前信息比较再加工形成对图像的再认过程，即将一种研究对象根据它本身的一些特征进行识别并分类。输电线路图像缺陷识别技术主要对输电线路中绝缘子以及导线进行缺陷识别，主要使用的技术原理：

1）样本特征处理：通过图像分割、图像预处理、图像分类技术，将样本特征提取并分类存储。输电线路中各个部件的形状、特征不完全相同，为了尽可能保证多种形状特征提取，需要建立特征分类库来确定各种多边形图像的提取策略。

2）建立样本库。图像识别缺陷样本库，这是能实现图像识别的关键，主要是对各种部件的各种特征样本保存和处理。

每一种物体都具有不同的特征，样本特征准确分析才能保证缺陷识别的精准度。发现样品的共同特征作为样本特征保存起来，当再次遇到特征相同的缺陷样本能够智能地识别出来，消除了人为的干预。将输电线路典型的缺陷模型收集起来，建立缺陷样本库，将特征掌握到能达到精确的分析，形成一套统一标准符合输电线路规范的输电线路缺陷样本。例如金属锈蚀的特征有很多种，铝制品表面出现白斑，铜制品表面产生铜绿，银器表面变黑等，当建立特征样本后在金属锈蚀方面的识别会更加精确。此后，还要不断接收新的样本特征丰富识别系统，提高识别的精准度。通过一键式的控制实现预处理图像、分析图像、识别图像、处理图像、图像结果反馈，智能学习技术的结合达到自动识别线路缺陷的目的，实现智能化操作。避免了人工经验判断造成的偏差，减轻了工作人员的工作强度，提高了标准化与规范化程度，带来了更大的社会效益。输电线路的图像特征提取流程图如图 3-6 所示。

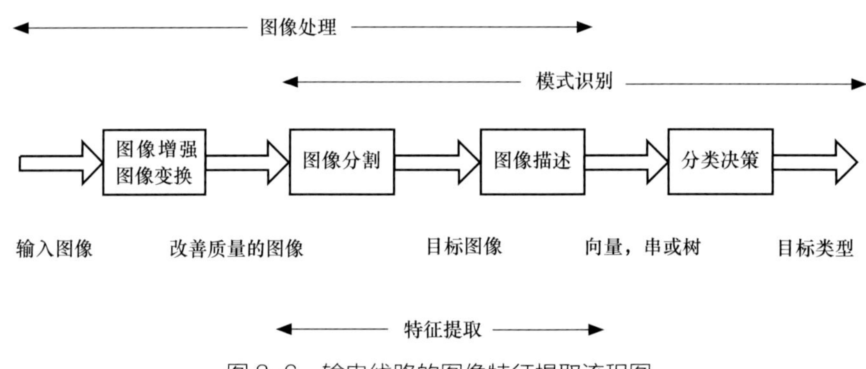

图 3-6　输电线路的图像特征提取流程图

3.4.2　输电线路缺陷的识别

无人机巡线拍摄过程中，外界环境光照强度与角度变化会影响图片亮度与分辨率等，周围事物的噪声与自然运动降低图片质量，进而影响图片的效果，而且随着拍摄角度与视觉距离的变化，同一个事物可能会出现不同的形状。因此，复杂自然

背景下输电线路无人机智能巡检在图像的处理尤其是目标图像的提取与识别方面，面临较大的挑战，必须提出适用性强的图像处理算法来解决，一般输电线路缺陷自动识别流程图如图 3-7 所示。

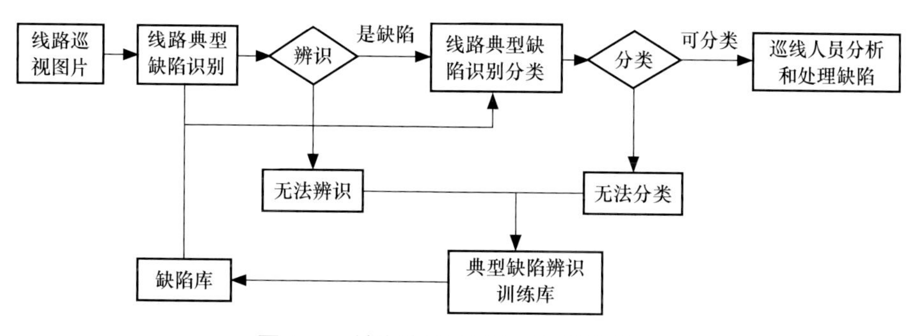

图 3-7　输电线路缺陷自动识别流程图

无人机完成对输电线路的巡检之后，通过无线图传将数据传送回地面监控站，进行图像缺陷识别处理。地面站系统将传送回来的无人机巡线实时视频拍摄到的图片数据进行接收、存储、分析、处理。当发现线路有缺陷时，显示出缺陷识别的结果并及时发出警告，提醒巡线工人及时进行处理，使巡视线路的工作周期缩减，工人的工作强度与工作风险降低，巡检的准确性与效率得到提升。

第4章

无人机巡检作业

4.1　无人机巡检飞行平台

4.1.1　无人机飞行控制系统

无人机飞行控制系统的功能主要通过其内部一块芯片完成，主要任务是进行无人机飞行数据的相关测量工作：

（1）三轴角速度的测量。无人机旋转角度的计算结果可以由角速度陀螺仪测量出的角速度并对其进行积分得到。角速度陀螺仪对无人机动作产生阻尼的同时保持当前姿态不变，因为单个角速度陀螺仪只能测量一个方向上的信号，所以要测量出三轴方向的角速度信号必须安装三个相互垂直的角速度陀螺仪。角速度传感器测量如图 4-1 所示。

（2）三轴加速度的测量。为了反映无人机的姿态，测量的结果必须经过积分处理，因为角速度陀螺仪输出的信号只是代表了角速度的情况。这里必须应用到加速度姿态传感器，因为积分单位时间 d*t* 的误差以及传感器的漂移问题需要得到修正，姿态传感器采用其输出的信号，并且由一阶低通滤波器去噪之后再通过处理器采集样本，对所得加速度的采样数据实施计算，由此得到无人机的飞行姿态。

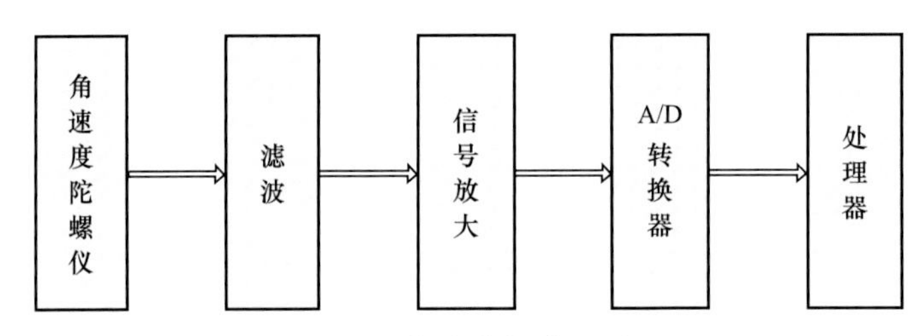

图 4-1　角速度传感器测量

（3）大气压力的测量。为了对无人机的飞行高度进行控制，大气压力的测量是一个不可或缺的环节。由于气压值会随着飞行高度的上升而逐渐降低，所以飞行高度的测量可以通过高度值的测量来体现。

飞行控制系统在传感器出口处接有源滤波电路，可以用来消除谐波，同时系统的输入端也连接有滤波器，可以更大限度地降低噪声。这些操作都是为了尽量减少传感器产生的信号在分压时发生失真的情况，同时可以减少传感器的功耗。

电源电压与压力传感器的输出电压在数值上成正比，输出电压的任何变化都可以通过电源电压的相应变化得到反映，为了保障传感器输出数值的线性化和稳定性，系统采用了基准电压对压力传感器的供电进行稳定。气压测高传感器如图 4-2 所示。

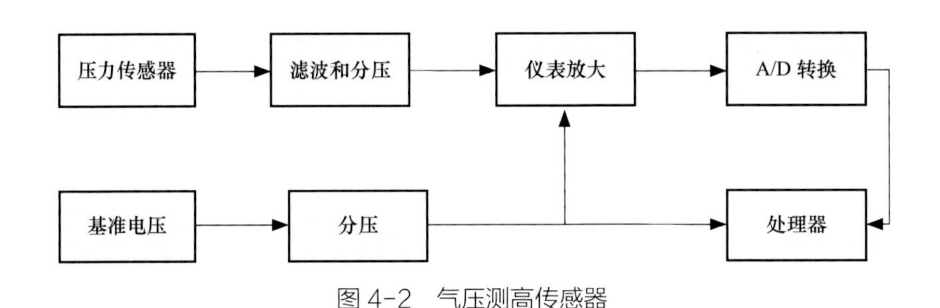

图 4-2　气压测高传感器

4.1.2　无人机飞行原理

四旋翼无人机是小型旋翼机的一种，四旋翼无人机机体结构如图 4-3 所示，能够定点起飞、降落、空中悬停。因为其易于控制，携带方便且价格便宜，是现阶段应用最广泛的巡线无人机。下面以四旋翼为例，对无人机的飞行原理进行阐述。

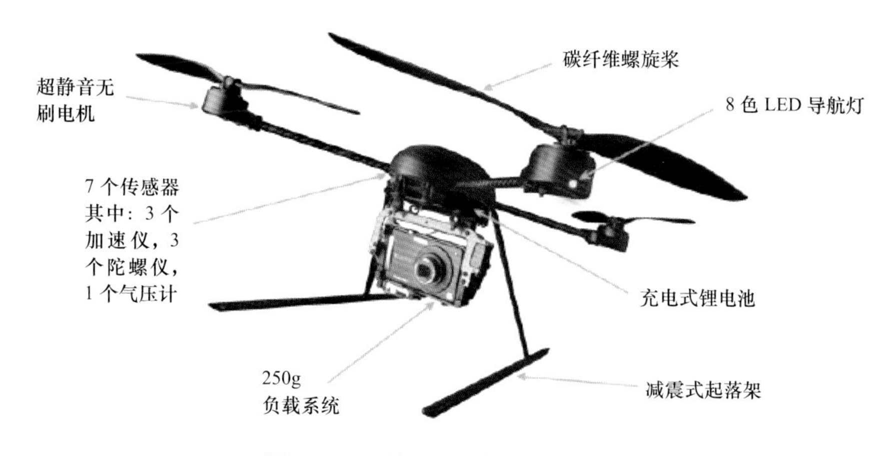

图 4-3　四旋翼无人机机体结构

四旋翼无人机各个方向上运动的实现，一是要变换四个电机的转速，二是要改变四个旋翼的拉力。桨叶的旋转产生向上拉力的同时会产生与其转速方向相反的扭矩，所以为了抵消两对桨叶在顺时针和逆时针方向上产生的反扭矩，无人机前后电机、左右电机的转向在结构上得分别保持一致。无人机基本的飞行动作分为：垂直升降，前后俯仰，左右翻滚，水平偏航。

（1）垂直升降。垂直运动相对来说比较容易实现。在图 4-4 中，两对电机转向相反可以平衡其对机身的反扭矩，当同时减小四个电机的输出功率，旋翼转速下降，使得总的拉力小于重力，飞行器向下飞行；反之，同时增加四个电机的

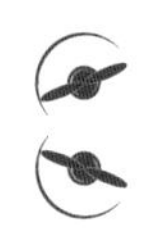

输出功率，旋翼转速增加使得总的拉力大于重力，四旋翼飞行器向上飞行，如图4-4 所示。

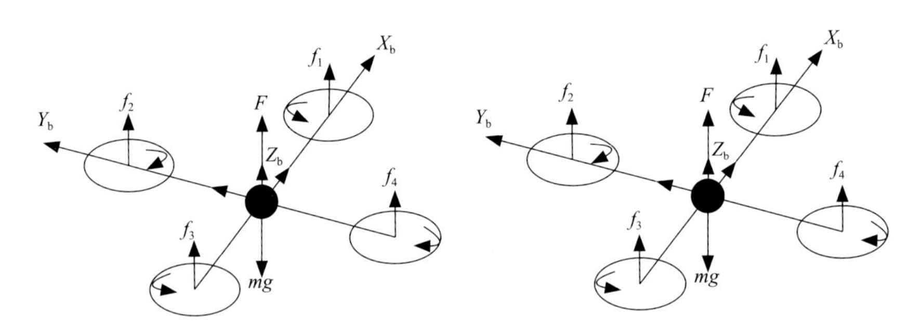

图 4-4　无人机垂直升降运动

（2）前后俯仰。前后俯仰动作的实现是通过改变前后两个电机的转速。例如增加前面电机的输出功率，旋翼转速增加使得拉力增大，相应减小后边电机的输出功率，使拉力减小。这样由于存在拉力差，机身会俯仰倾斜，从而使旋翼拉力产生水平分量，因此可控制无人机向后飞行。向前飞行与向后飞行正好相反，如图 4-5 所示。

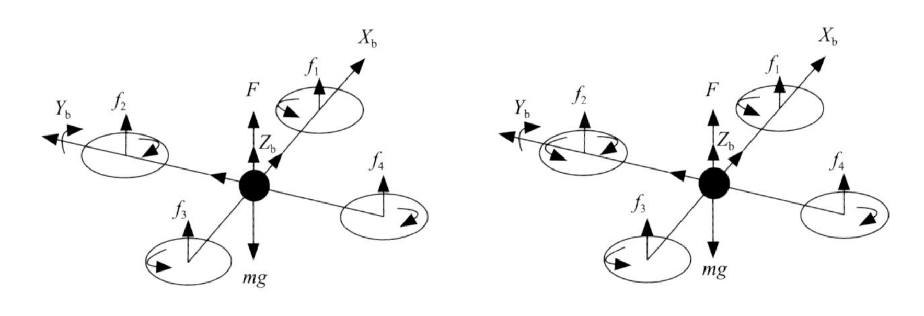

图 4-5　无人机俯仰运动

（3）左右翻滚。四旋翼无人机的结构是对称的，所以左右翻滚的控制方式和前后俯仰飞行完全相同，只是改变其对应电机的转速而已，如图 4-6 所示。

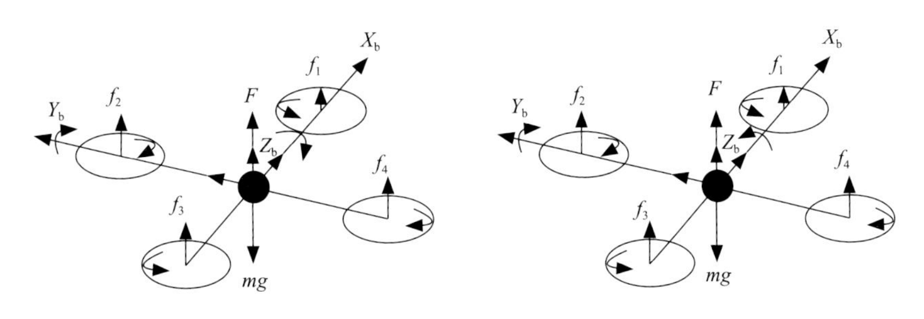

图 4-6　无人机翻滚运动

（4）水平偏航。四旋翼无人机水平偏航的实现可以借助旋翼产生反扭矩的差值。反扭矩，顾名思义是旋翼转动过程中，由于空气阻力而产生的与转动方向相反的力矩。旋翼转速影响着无人机反扭矩的大小，反扭矩互相平衡时无人机不发生转动，此时四个旋翼转速是相同的；而四个旋翼转速不同时，反扭矩就会不平衡从而引起四旋翼无人机的水平转动。当我们想让无人机做水平转动时，可以增加轴向方向旋转的旋翼转速并同时减小另一轴向旋翼的转速，且转速增加的旋翼转动方向与期望的水平转动方向相反，如图 4-7 所示。

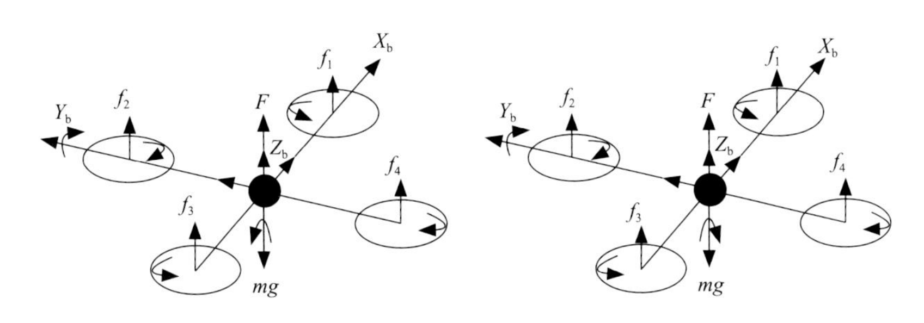

图 4-7　无人机水平偏航运动

国网宜昌供电公司检修分公司输电运检室对四旋翼无人机在输电线路巡检中的运用进行了总结，其宝贵经验被行业内诸多权威杂志登载，如图 4-8、图 4-9 所示。

图 4-8　权威杂志登载四旋翼无人机运用成果

四旋翼无人机在输电线路巡检中的运用浅析

Application of Four-rotor UAV in Transmission Line Inspection

国网湖北省电力公司宜昌供电公司　何　健　李　婷
国网湖北省电力公司　马建国

摘　要： 文章介绍了四旋翼无人机巡检的优缺点及适用范围，并重点对四旋翼无人机的关键指标、实用示例、发展方向等方面进行了分析。

关键词： 四旋翼无人机　输电线路　巡检

0 引言

随着电网的不断发展，输电线路将越来越多，交叉跨越和沿线地理环境也将越来越复杂。目前，输电线路的人工巡检方式常常受到自然条件、巡检设备等因素的制约，难以满足日常巡检工作的标准及要求，寻求先进的输电线路巡检技术迫在眉睫。随着无人机技术的发展，运用无人机技术巡检逐步成为一项新的研究课题。其非接触式、快速高效、多角度全方位的巡检手段搭配各类可见光和红外影像设备，能够全面了解输电线路的运行情况，给后期检修提供依据。

1 四旋翼无人机巡检系统

目前输电线路所使用的无人机主要有无人直升机、固定翼无人机和多旋翼无人机等。无人直升机起降灵活，可自由悬停，抗风、沙、冰、低温等能力强，但成本稍高。固定翼无人机飞行速度快，巡航半径大，滞空时间长，但无法实现悬停。多旋翼无人机可悬停、机动灵活、经济性好，但抗风等的能力差，对气象条件要求高。因此，无人直升机适用于复杂环境及极端气候情况下的巡检及在经济允许情况下的日常巡检，固定翼无人机适用于对输电线路走廊的整体普查及灾害救援期间的灾情调查等的巡检，而多旋翼无人机适用于小范围线路的详查工作，用于替代巡检人员日常登塔检查等工作，且经济性也较好。从日常工作实践总结发现，在多旋翼无人机中，四旋翼无人机最贴合宜昌的地形特点，并在实际工作中应用范围最广，产生效益最明显，本文即选定四旋翼无人机作为研究对象。

1.1 性能指标

四旋翼无人机其飞行器本体机械结构简单，旋翼尺寸较小（潜在危害性小、运行风险低），具有重量轻、易携带、易操控、可悬停、效率高、无污染、易维

124

图 4-9　四旋翼无人机运用成果论文截图

4.2　无人机巡检日常管理

4.2.1　设备配备

国网宜昌供电公司检修分公司输电运检室无人机运检专班现有无人机 6 套，均为小型旋翼无人机。

4.2.2　人员配置

国网宜昌供电公司成立了以公司分管领导为组长的无人机巡检工作领导小组，明确分管部门、输电运检室及班组的职能，在湖北省地级市供电公司中成立首个无人机运检专班，该班有成员 5 人，均已取得无人机操作证书，1 人是国家电网公司评标专家，专家信息如图 4-10、图 4-11 所示。

图 4-10　国网无人机评标专家证书

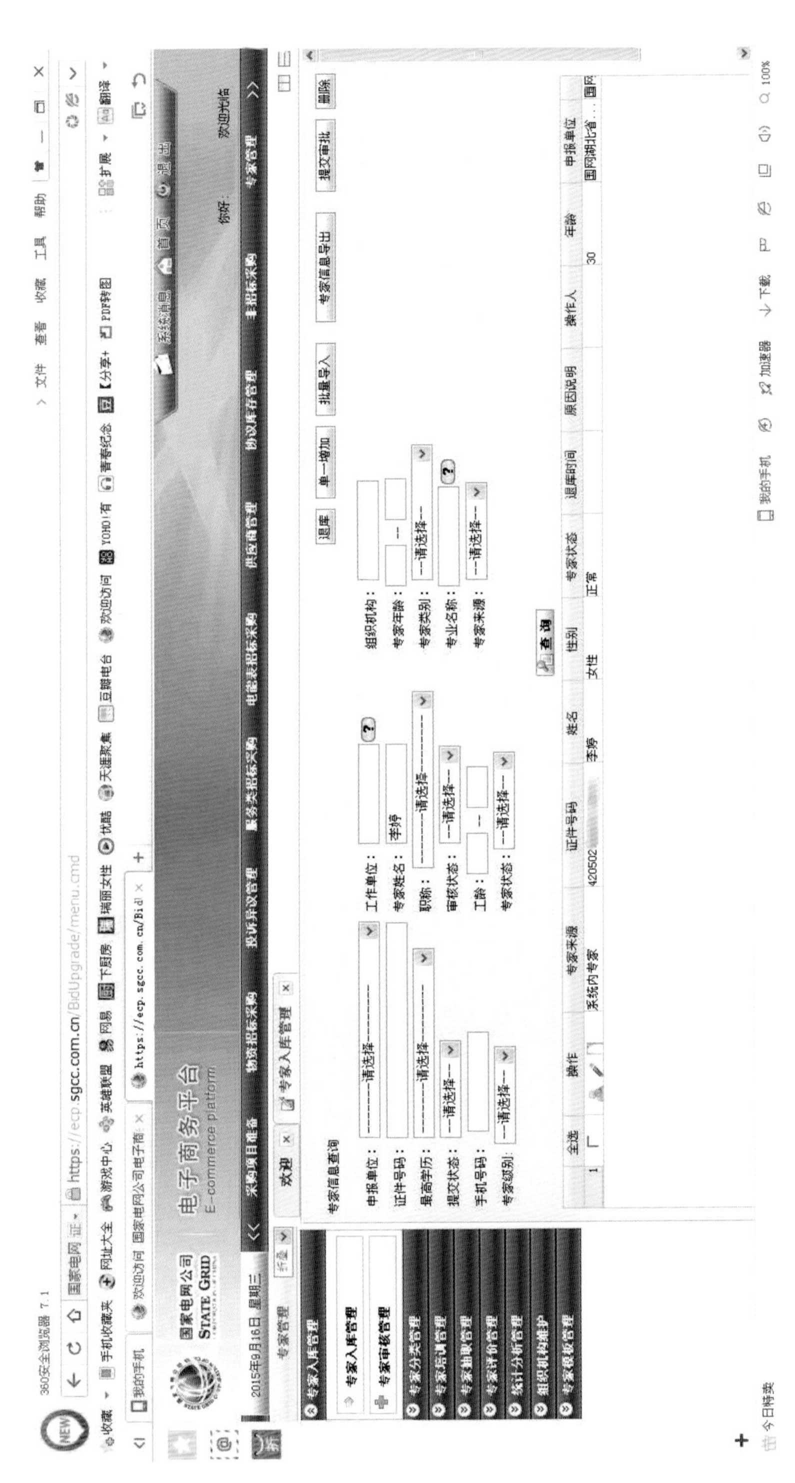

图 4-11 国网无人机评标专家入库信息

4.2.3 规章制度

目前，有关无人机巡检的配套标准或规章制度有：

中华人民共和国电力法（国家主席令〔1995〕第 60 号）

电力设施保护条例（国务院令〔1998〕第 239 号）

国家电网公司事故隐患排查治理工作评价考核细则（试行）（国网公司〔2010〕68 号）

国家电网公司十八项电网重大反事故措施（国家电网生技〔2005〕400 号）

输变电设备状态评价标准（Q/CSG 10010—2004）

输变电设备状态检修试验规程（Q/GDW 168—2008）

湖北省电力公司关于印发设备缺陷管理办法（试行）的通知

湖北省电力公司关于印发输变电设备状态检修试验规程实施细则

湖北省电力公司关于印发输电线路防外破工作管理办法（试行）

湖北省电力公司安全生产工作奖惩规定

湖北省电力公司输电专业精益化管理提升工作实施方案和考核评价办法（试行）（鄂电司运检〔2013〕39 号）

预防 110（66）kV～500kV 架空输电线路事故措施（国家电网生技〔2004〕641 号）

国家电网公司电力设施保护工作管理办法（国家电网生技〔2005〕389 号）

110（66）kV～500kV 架空输电线路运行规范（国家电网生技〔2005〕172 号）

110（66）kV～500kV 架空输电线路检修规范（国家电网生技〔2005〕173 号）

110（66）kV～500kV 架空输电线路技术监督规定（国家电网生技〔2005〕174 号）

架空输电线路管理规范（国家电网生技〔2006〕935号）

国家电网公司生产运行基础资料管理规范（国家电网生技〔2009〕420号）

国家电网公司电力安全工作规程（线路部分）（国家电网安监〔2009〕664号）

架空输电线路运行规程（DL/T 741—2010）

电力设施安全保护工作检查考核办法（试行）（国家电网运检〔2012〕200号）

国家电网公司关于印发提升电力设施保护工作规范化水平指导意见的通知（国家电网运检〔2012〕1840号）

湖北省电力公司运检绩效考核管理办法（鄂电司运检〔2013〕80号）

结合无人机现场运检实际需求，国网宜昌供电公司编写了《输电线路无人机运检日常规程》、《输电线路无人机使用安全规范》，建立了《无人机班组管理标准》（见附录A），明确了无人机班组成员各自的工作职责。

4.2.4 工作流程

国网宜昌供电公司检修分公司输电运检室严格按照国家电网公司关于无人机巡检工作的整体部署，不断深化“三位一体”立体运维模式，通过运用高新科技手段来对线路状态巡视工作进行补强，以宜昌智慧输电创新工作室为载体和平台，提高输电线路精益化管理水平。

4.3 无人机作业领域

目前，就无人机作业范围而言，除了日常巡检，还包括：无人机协助解决防外破难题、无人机协助解决防山火难题、无人机协助运维人员查找故障点、无人机协助运维人员治理设备本体及通道环境等。

无人机日常巡检：近年来，随着输电网络的逐渐扩大，电网运行维护线路里程快速增长与电网运行维护人员数量相对不足之间的矛盾逐渐显现，为了克服地形、交通等因素给人工巡视、检修线路带来的困难，势必要促进电网运行维护由劳动密集型向技术密集型转变，逐步加大无人机日常巡检在巡检工作中所承担的份额。目前，运用无人机的日常巡检内容详见表 4-1。

表 4-1　无人机日常巡检内容

可见光检测	设备	分类
导地线断股、锈蚀、异物、覆冰等	导地线	线路本体
杆塔倾斜、塔材弯曲、螺栓丢失、锈蚀等	杆塔	
金具损伤、移位、脱落、锈蚀等	金具	
伞裙破损、严重污秽、放电痕迹等	绝缘子	
塌方、护坡受损、回填土沉降等	基础	
防鸟、防雷装置，标识牌、各种监测装置等损坏、变形、松脱等	附属设施	
超高树竹、违章建筑、施工作业、沿线交跨、地质灾害等	线路通道	

无人机协助解决防外破难题：目前，输电线路防外破形势日益严峻，线路保护区附近修公路、新建房屋的情况较多，无人机参与取景，可获得整个外破现场的全景图，尤其是修建公路，初期通过无人机升空，就能快速查看公路的整体走向，预判是否穿越输电线路，提前采取预防措施。

无人机协助解决防山火难题：针对不同时期的火灾易发区、多发区、敏感区，公司有的放矢地加强防范工作。作业人员运用无人机进行山火监控工作，充分利用无人机巡视覆盖面广，视野宽、效率高等优势，为输电线路构筑了一道防山火立体安全网。一旦发生山火，作业人员第一时间派出无人机进行精细化巡检，准确了解山火面积、走势，为消防工作提供宝贵的原始数据。截至目前，国网宜昌供电公司检修分公司输电运检室已完成各时段防山火无人机巡视 180 余次，发现小面积火情 5 次。

无人机协助运维人员查找故障点：受地理环境和人工视野盲区的限制，某些输电线路上的故障点人工很难及时找到。无人机能克服人工的局限性，协助人工安全快速地查找到故障点，并留存图像资料，大大减轻地面巡线人员的劳动强度以及带电登检的作业风险。

第5章 无人机巡检技术改进

5.1 一种用于电力系统巡线的无人机

专利名称：一种用于电力系统巡线的无人机；发明人：何健、李婷、黄斌。

专利申请号：ZL 201520634926.6，实用新型专利证书如图 5-1 所示。

普通无人机在实践中发现两个缺点和不足：

（1）在夜晚或雾霾严重等各种能见度低的情况下，因无集中、准确的照明设备，无法迅速找到故障点，影响了故障抢修的效率。

（2）在夜晚或雾霾严重等各种能见度低的情况下，巡视人员发现隐患后，虽有成熟的无人机带电处缺工具，但因无集中、准确的照明设备，无法及时进行带电处缺，大大浪费了人力物力，加大了安全风险。

本实用新型解决的技术问题是针对上述现有技术的不足而提供的一种用于电力系统巡线的无人机，结构示意图如图 5-2 所示。

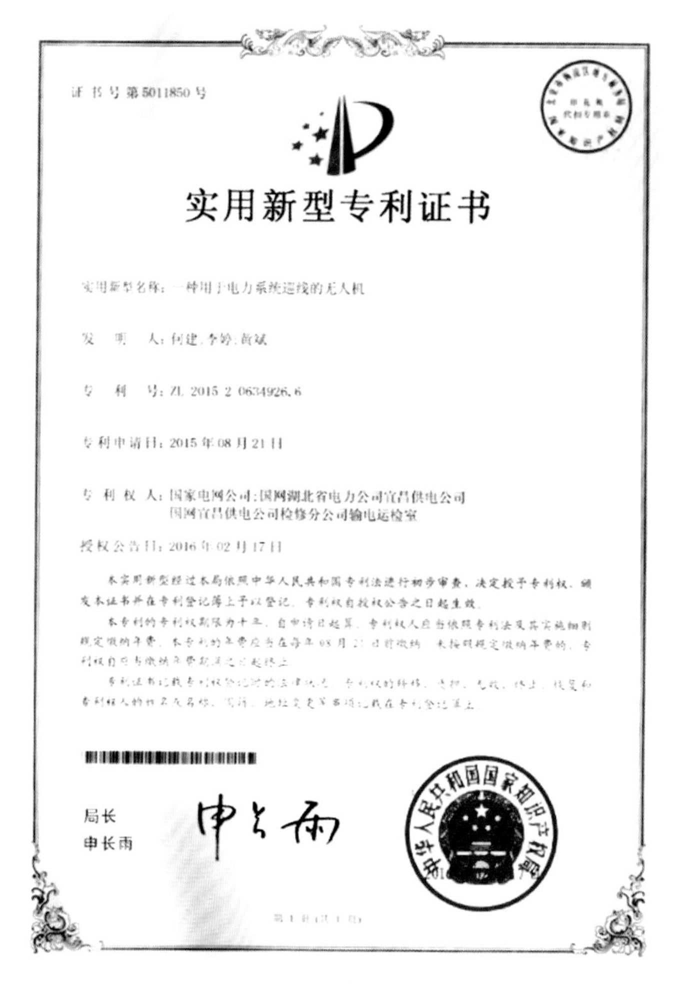

证书号第5011850号

实用新型专利证书

实用新型名称：一种用于电力系统巡线的无人机

发 明 人：何建；李婷；黄斌

专 利 号：ZL 2015 2 0634926.6

专利申请日：2015年08月21日

专 利 权 人：国家电网公司；国网湖北省电力公司宜昌供电公司
国网宜昌供电公司检修分公司输电运检室

授权公告日：2016年02月17日

本实用新型经过本局依照中华人民共和国专利法进行初步审查，决定授予专利权，颁发本证书并在专利登记簿上予以登记。专利权自授权公告之日起生效。

本专利的专利权期限为十年，自申请日起算。专利权人应当依照专利法及其实施细则规定缴纳年费。本专利的年费应当在每年08月21日前缴纳。未按照规定缴纳年费的，专利权自应当缴纳年费期满之日起终止。

专利证书记载专利权登记时的法律状况。专利权的转移、质押、无效、终止、恢复和专利权人的姓名或名称、国籍、地址变更等事项记载在专利登记簿上。

局长
申长雨

中华人民共和国国家知识产权局

第1页（共1页）

图 5-1　专利证书

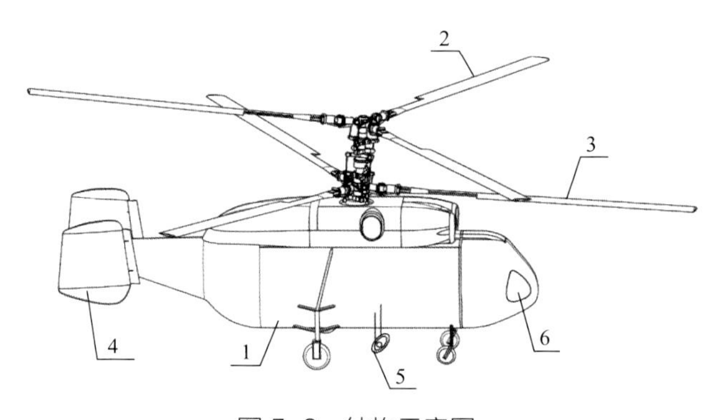

图 5-2　结构示意图

实用新型的目的是这样实现的：它包括机身（1），机身上方设有螺旋翼，螺旋翼分为上旋翼（2）和下旋翼（3），机身（1）尾部设有尾翼（4），机身上方的螺旋翼通过安装在机身上的驱动装置进行驱动，在机身底部设有接收混控器单元，机身底部吊设有摄像头（5），机身的机头设有照明灯（6），在机身两侧设有活动门，机身中设有工具箱室，工具箱室中设有工具箱，工具箱通过滑轨机构与工具箱室底面连接，解决现有电力检测检修工作完全靠人工作业，检测效率不高以及检修时作业人员获取支援受限的问题。

本装置在遥控下对设备进行巡查，通过机身底部的摄像头对现场进行摄像、记录，能准确、高效并安全地进行巡线作业；同时，在照明灯的配合下，本装置适用于夜间的检测作业，能实现全天候巡线作业。

典型案例：2014 年 1 月 10 日，220kVXX 线 86 号塔大号侧 350m 处中相导线断股，由于该档导线跨度大且跨越深沟（档距为 901m，导线距离地面 150m），受地形条件及光照条件的限制，巡视人员在地面无法确定导线断股的确切损伤程度。

国网宜昌供电公司检修分公司输电运检室为进一步掌握该线路导线损伤程度，及时为线路抢修提供现场准确信息，于 1 月 13 日利用无人机搭载照明设备进行检查，无人机准确悬停在距离导线断股处 3m 左右的位置，对受损情况作深入的检查，同时地面控制台实时接收无人机传回的相关数据和图像视频，通过对传回图像进行分析，最后确定导线断裂 5 股，为后期抢修赢得了时间。

现场实施如图 5-3 所示。

中新社、新华网、国家电网报等多家主流媒体对此作了大篇幅的相关报道。现场采访如图 5-4 所示。

图 5-3　现场实施无人机巡检

图 5-4　现场采访

5.2　一种带有测温功能的用于电力系统巡线的无人机

专利名称：一种带有测温功能的用于电力系统巡线的无人机；发明人：何健、李婷、黄斌。

专利申请号：ZL 201520634644.6，实用新型专利证书如图 5-5 所示。

证书号第4926639号

实用新型专利证书

实用新型名称：一种带有测温功能的用于电力系统巡线的无人机

发　明　人：何建；李婷；黄斌

专　利　号：ZL 2015 2 0634644.6

专利申请日：2015年08月21日

专 利 权 人：国家电网公司；国网湖北省电力公司宜昌供电公司
国网宜昌供电公司检修分公司输电运检室

授权公告日：2016年01月06日

本实用新型经过本局依照中华人民共和国专利法进行初步审查，决定授予专利权，颁发本证书并在专利登记簿上予以登记。专利权自授权公告之日起生效。

本专利的专利权期限为十年，自申请日起算。专利权人应当依照专利法及其实施细则规定缴纳年费。本专利的年费应当在每年08月21日前缴纳。未按照规定缴纳年费的，专利权自应当缴纳年费期满之日起终止。

专利证书记载专利权登记时的法律状况。专利权的转移、质押、无效、终止、恢复和专利权人的姓名或名称、国籍、地址变更等事项记载在专利登记簿上。

局长
申长雨

2016年01月06日

第1页（共1页）

图 5-5　专利证书

本实用新型提供了一种带有测温功能的用于电力系统巡线的无人机，结构示意图如图 5-6 所示。

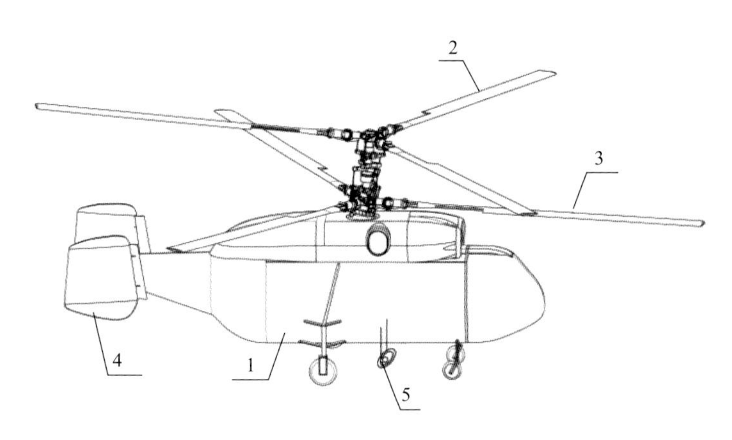

图 5-6　结构示意图

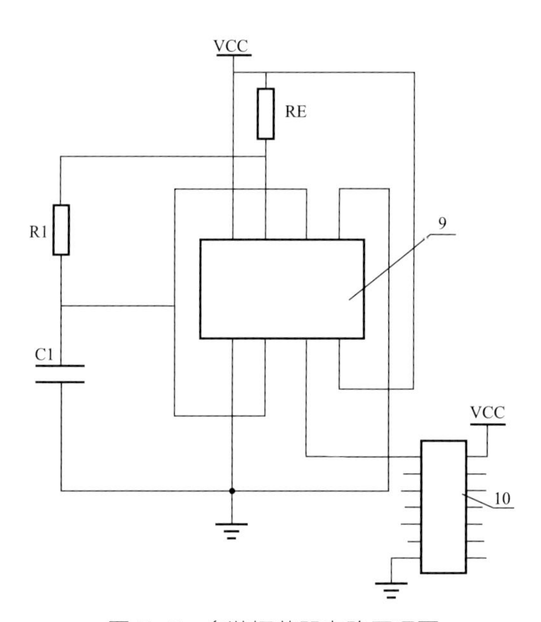

图 5-7　多谐振荡器电路原理图

实用新型的目的是这样实现的：它包括机身（1），机身（1）上方设有螺旋翼，螺旋翼分为上旋翼（2）和下旋翼（3），机身（1）尾部设有尾翼（4），机身（1）上方的螺旋翼通过安装在机身（1）上的驱动装置进行驱动，在机身（1）底部设有接收混控器单元，其特征在于：所述机身（1）底部吊设有摄像头（5），摄像头（5）

与主控芯片（6）连接，主控芯片（6）的输入口与多谐振荡器（如图 5-7 所示）（7）的输出端连接，多谐振荡器（7）的输入端与传感器（8）连接，多谐振荡器（7）包括 555 振荡器（9），传感器为热敏电阻，主控芯片（6）的输出口与联网设备（11）连接。

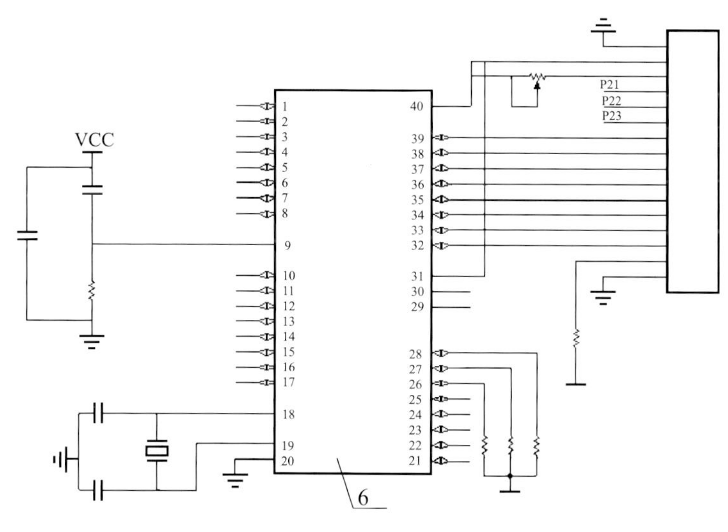

图 5-8　单片机频率检测电路图

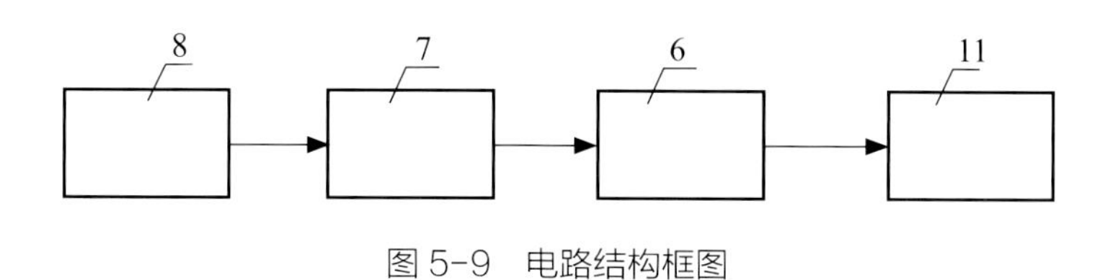

图 5-9　电路结构框图

如图 5-8 和图 5-9 所示，555 振荡器与反相器连接，主控芯片是型号为 51 或 52 的单片机；555 传感器为由至少 2 个热敏电阻进行串并联组成的热敏电阻组。

单片机的型号为 AT89C51，AT89C51 单片机的第 4 脚为信号输入端。

摄像头包括型号为 OV2640 的图像传感器，图像传感器的引脚与主控芯片的

输入口连接。

采用上述结构，本实用新型能利用热敏电阻作为检测器件，直接感知温度的变化，由于热敏电阻在多谐振荡器中，温度的变化就会反映到多谐振荡器输出频率的变化，即热敏电阻处于不同的温度环境中，电路将有大小不同的频率响应。这样配合无人机便捷的移动性能高效完成电力设备发热状况的实时监测。方案研究、室内实验场景如图 5-10 和图 5-11 所示。现场实施如图 5-12 所示。

图 5-10　方案研究

图 5-11　室内实验

图 5-12　现场实施

5.3 一种带有红外测温功能的用于电力系统巡线的无人机

专利名称：一种带有红外测温功能的用于用力系统巡线的无人机；发明人：何健、李婷、黄斌。

专利申请号：ZL 201502638947.5，实用新型专利证书如图 5-13 所示。

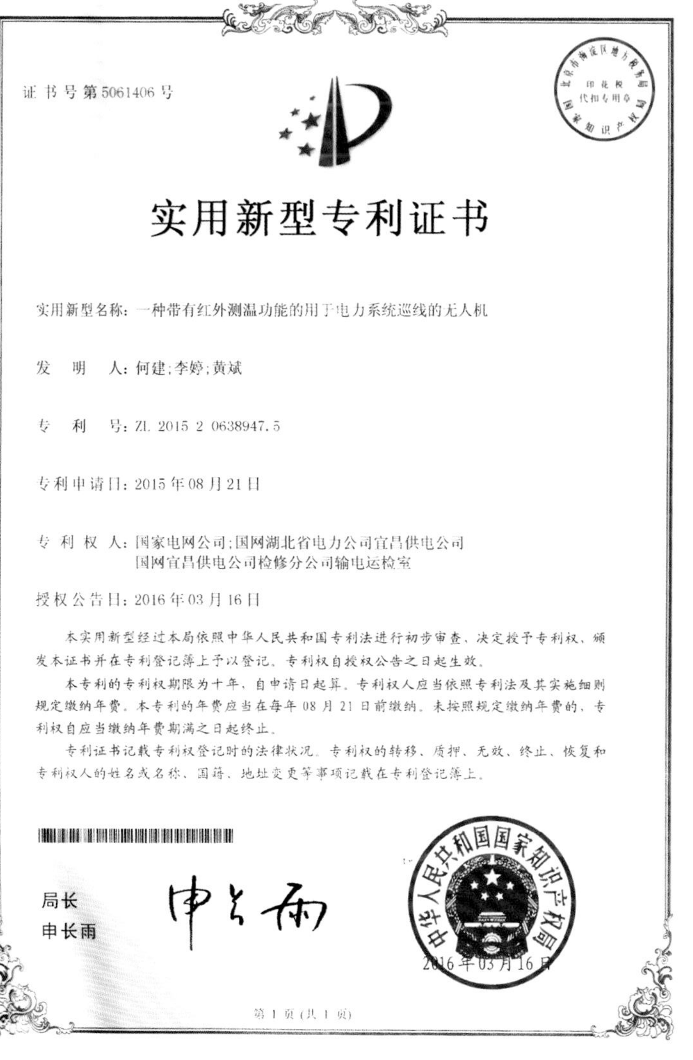

证书号第5061406号

实用新型专利证书

实用新型名称：一种带有红外测温功能的用于电力系统巡线的无人机

发 明 人：何建；李婷；黄斌

专 利 号：ZL 2015 2 0638947.5

专利申请日：2015 年 08 月 21 日

专 利 权 人：国家电网公司；国网湖北省电力公司宜昌供电公司
国网宜昌供电公司检修分公司输电运检室

授权公告日：2016 年 03 月 16 日

本实用新型经过本局依照中华人民共和国专利法进行初步审查，决定授予专利权，颁发本证书并在专利登记簿上予以登记。专利权自授权公告之日起生效。

本专利的专利权期限为十年，自申请日起算。专利权人应当依照专利法及其实施细则规定缴纳年费。本专利的年费应当在每年 08 月 21 日前缴纳。未按照规定缴纳年费的，专利权自应当缴纳年费期满之日起终止。

专利证书记载专利权登记时的法律状况。专利权的转移、质押、无效、终止、恢复和专利权人的姓名或名称、国籍、地址变更等事项记载在专利登记簿上。

局长
申长雨

中华人民共和国国家知识产权局
2016 年 03 月 16 日

第 1 页（共 1 页）

图 5-13 专利证书

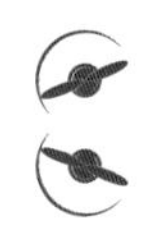

红外测温技术是电力系统中对电力设备进行检测的一项技术，不仅有效，而且快捷，在日常巡视和维护中得到了广泛的应用。世间的任何一个物体都会发射出红外辐射能量，这种能量是人眼所不能看到的，红外辐射能量强度随着物体温度的升高而增强，通过红外成像仪测温是通过红外热成像仪检测物体的表面温度，并形成图形画面，红外热成像仪具有定性成像与定量测量的双重功能，并有较高空间分辨率和温度分辨率，能够辨别很小的温差。实时热图像能够清晰显示在屏幕上，为建立热图像数据库提供了条件，实现了集图像采集、储存、分析于一体的功能，而且它能够快速对大面积的设备进行检测。通过专业人员对热图像的分析并配合分析软件，能够发现电力设备运行异常情况和故障。

一种带有红外测温功能的用于电力系统巡线的无人机，如图 5-14 所示，它包括机身，机身上方设有螺旋翼，螺旋翼分为上旋翼和下旋翼，机身尾部设有尾翼，机身上方的螺旋翼通过安装在机身上的驱动装置进行驱动，在机身底部设有接收混控器单元，机身底部吊设有摄像头，摄像头与主控芯片连接，主控芯片的双向口与红外线测温装置、联网设备连接，主控芯片的输出口与激光定点装置连接。

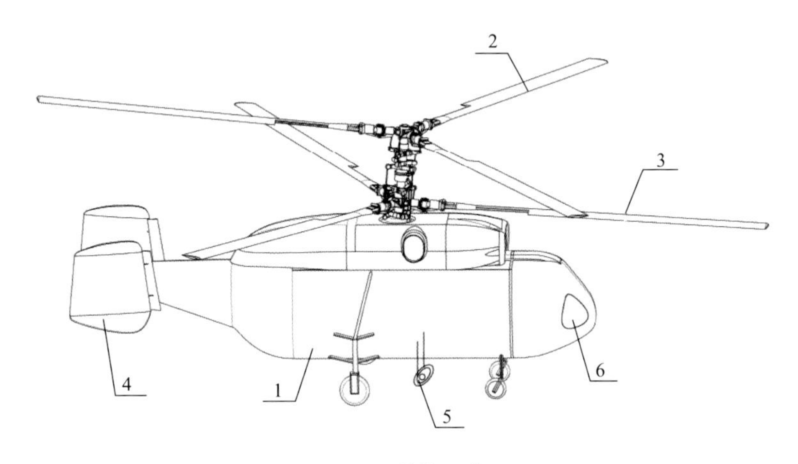

图 5-14　结构示意图

主控芯片为嵌入式处理器，嵌入式处理器通过串口与红外线测温装置 7 连接，联网设备包括含有 TCP/IP 网络协议的路由器。

上述主控芯片为 STM32 系列的嵌入式处理器或 DSP 芯片或单片机，嵌入式处理器通过协议芯片与红外线测温装置 7 连接。

如图 5-15 所示，嵌入式处理器的型号为 STM32F407VGT6，红外测温装置 7 包括型号为 PT20 的红外测温器，协议芯片的型号为 MAX485CPA，协议芯片通过 USART 协议端口与嵌入式处理器连接并通过 485 协议端口与红外线测温装置连接，嵌入式处理器 PD9、PD8 的引脚接到协议转换芯片 MAX485CPA 的 1 号和 4 号引脚，用于与 MAX485CPA 进行信息交换传输，嵌入式处理器的 PD10 接到 MAX485CPA 的 2 号和 3 号引脚，该引脚控制 MAX485CPA 使能与否，电阻 R7 为 PD10 使能引脚的下拉电阻，R4、R5 是用来提高 485 信号线的阻抗，避免发生波反射；二极管 D8 阳极和阴极分别连接到 485 信号线的正负极防止信号冲击，电阻 R3 是 485 正极线路的上拉电阻，R6 是 485 信号线的下拉电阻，二极管 D6 使用来限制 485 正极信号线上限值为 3.3V，二极管 D7 使用来限制 485 负极信号线下限值为 0V；C11 是 3.3V 电源滤波电容；MAX485CPA 的 6 号和 7 号引脚连接到针形接口 CN1 的 2 号和 7 号引脚，针形接口 CN1 的 3 号和 9 号引脚接到 5V 电压，8 号引脚接到 GND。

如图 5-16 所示，嵌入式处理器的型号为 STM32F407VGT6，嵌入式处理器与激光定点装置 8 连接，激光定点装置 8 包括型号为 OX-R301 的激光头、电阻 R2、电容 C8、三极管 Q1、二极管 D5 以及继电器 K1，电阻 R2、三极管 Q1 组成一个射极驱动电路，用于驱动继电器 K1，从而控制激光头；嵌入式处理器的 PE3 号引脚与 Q1 的基极连接。

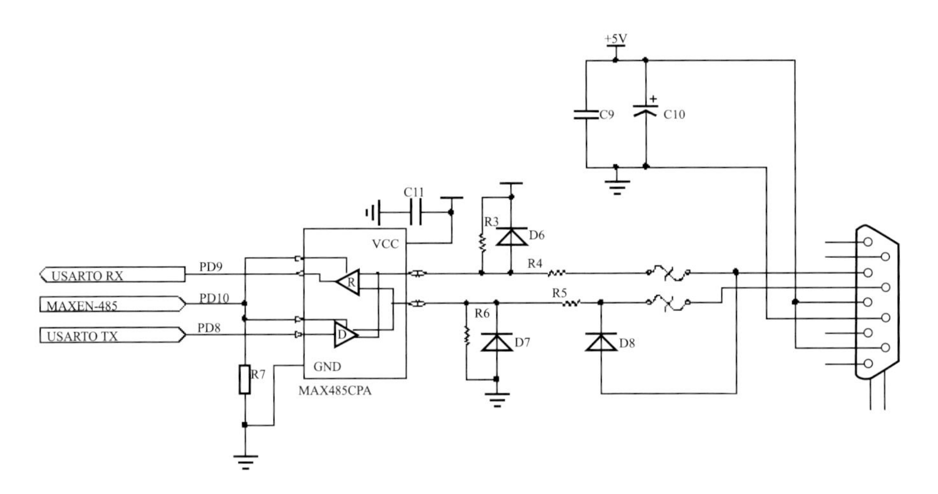

图 5-15　红外测温装置的电路图

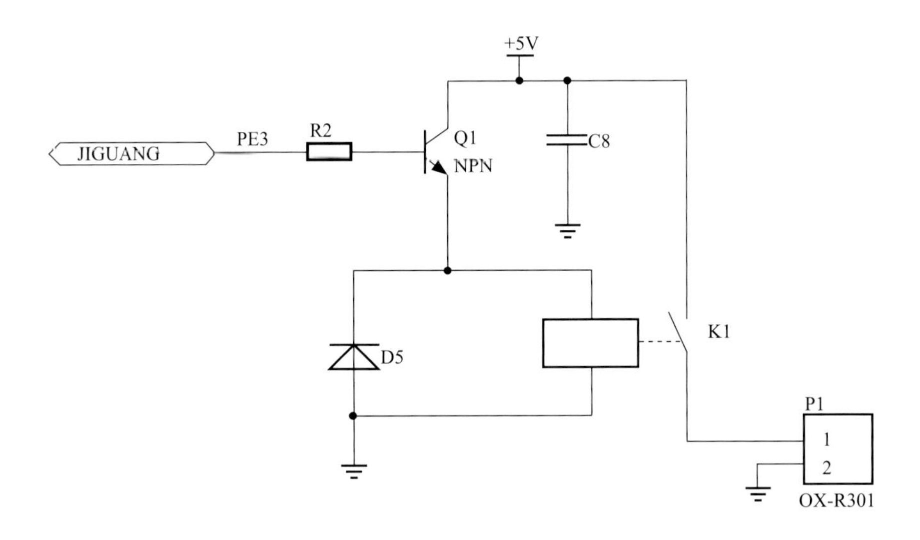

图 5-16　激光定点装置的电路图

如图 5-17 所示，嵌入式处理器的型号为 STM32F407VGT6，嵌入式处理器与摄像头 5 连接，摄像头 5 包括型号为 OV2640 的图像传感器，图像传感器的 3 到 16 号引脚与嵌入式处理器的 PB8、PB9、PB7、PA4、PA6、PD12、PE6、PE5、PB6、PE4、PE1、PE0、PC7、PC6 引脚相连。

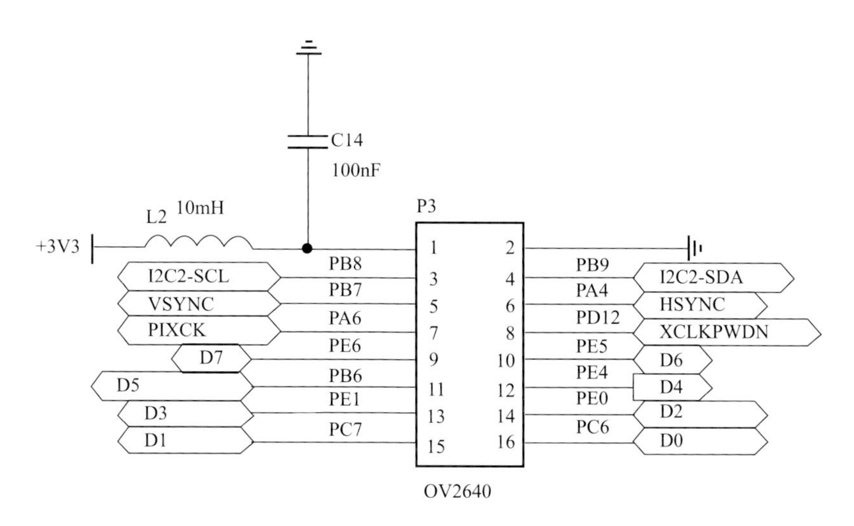

图 5-17　摄像头的电路图

采用上述结构，通过本装置便捷的移动性以及红外成像仪对电力设备精确的检测，能高效地完成对电力设备的巡线工作；通过摄像头和单一点红外测温仪结合，形成一个独立的检测单元，在测温的同时，对设备进行拍照，让检修人员测得电力设备上测试点的温度值；联网设备为无线收发装置，无线收发装置包括型号为 nRF401 的无线收发芯片，能完成本装置与控制中心视频等数据的传输。

典型案例：2015 年国网宜昌供电公司检修分公司输电运检室使用无人机搭载红外成像设备，对 220kV 朝峰线、鹿桑线等 11 条线路开展红外测温工作，检查导线有无过热各接点的温差是否超过规定值等，以掌握线路的第一手资料，并在高峰负荷期间，对变电站出线、重点监测的线路进行红外测温。作业人员通过运用无人机对红外测温工作的及时开展，全面掌握了线路在用电高峰期及高负荷下的运行状态，以及时做好设备消缺处理工作，为线路设备的安全可靠运行奠定了坚实的基础。

模拟实验如图 5-18 所示，现场实施如图 5-19 所示。

图 5-18 模拟实验

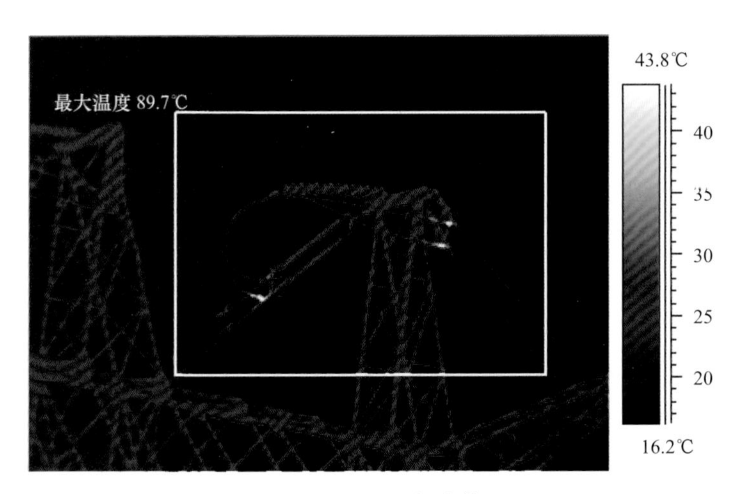

图 5-19 现场实施

5.4 一种用于电力线路修枝的无人机

专利名称：一种用于电力线路修枝的无人机；发明人：何健、李婷、董卫、胡陈陈。

专利申请号：ZL 201620621557.9，实用新型专利证书如图 5-20 所示。

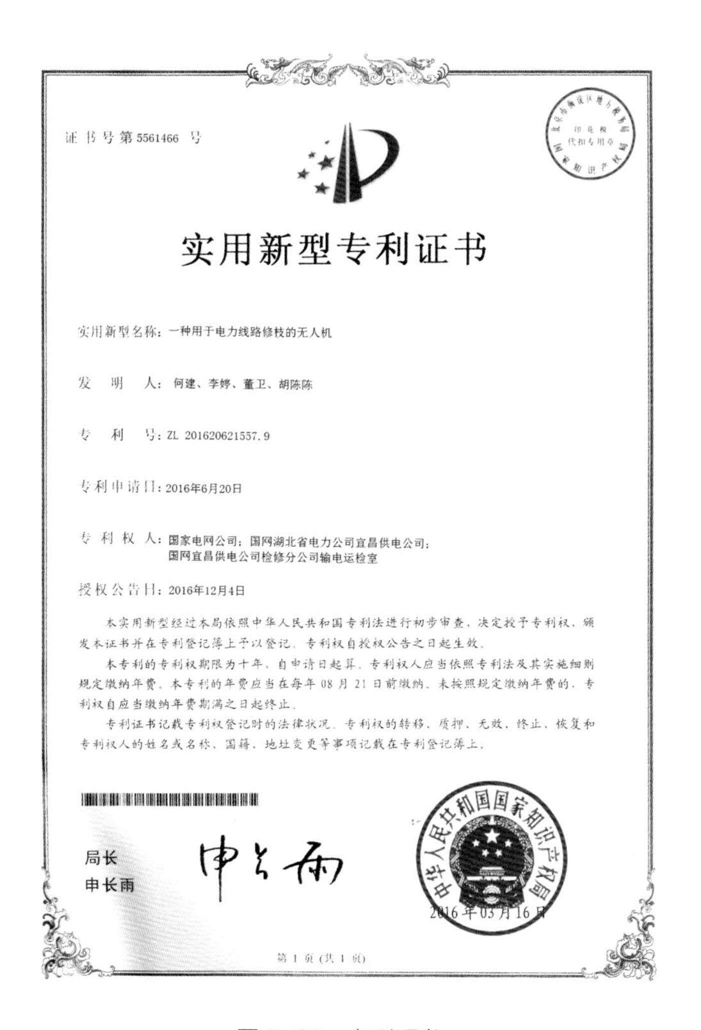

证书号第5561466号

实用新型专利证书

实用新型名称：一种用于电力线路修枝的无人机

发　明　人：何建、李婷、董卫、胡陈陈

专　利　号：ZL 201620621557.9

专利申请日：2016年6月20日

专 利 权 人：国家电网公司；国网湖北省电力公司宜昌供电公司；国网宜昌供电公司检修分公司输电运检室

授权公告日：2016年12月4日

本实用新型经过本局依照中华人民共和国专利法进行初步审查，决定授予专利权，颁发本证书并在专利登记簿上予以登记。专利权自授权公告之日起生效。

本专利的专利权期限为十年，自申请日起算。专利权人应当依照专利法及其实施细则规定缴纳年费。本专利的年费应当在每年 08 月 21 日前缴纳。未按照规定缴纳年费的，专利权自应当缴纳年费期满之日起终止。

专利证书记载专利权登记时的法律状况。专利权的转移、质押、无效、终止、恢复和专利权人的姓名或名称、国籍、地址变更等事项记载在专利登记簿上。

局长
申长雨

中华人民共和国国家知识产权局
2016年03月16日

第 1 页（共 1 页）

图 5-20　专利证书

在目前输电线路防护区内仍然存在大量速生树木，该类树木生长快，高度也较高，对线路的安全运行造成隐患，清理隐患树木是输电线路运检人员的重要工作。以往的清障工作中，存在工具落后、效率低的问题，增加了作业危险系数和工作难度，存在许多安全隐患。

本实用新型所要解决的技术问题是针对上述现有技术不足而提供的一种能修剪高处树枝的无人机。

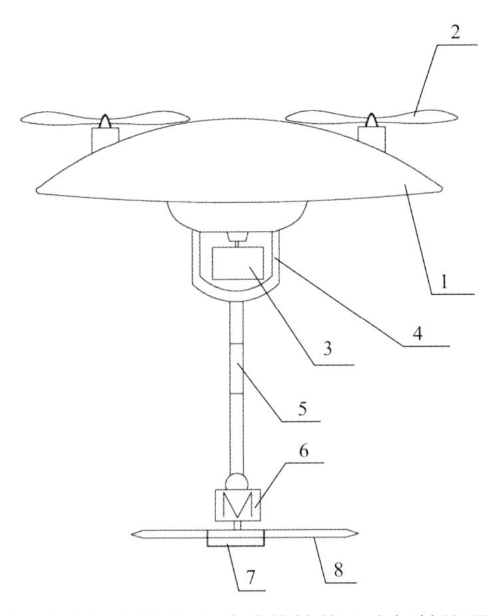

图 5-21　用于电力线路修枝的无人机结构图

如图 5-21 所示为用于电力线路修枝的无人机，它包括机体 1，机体 1 上方设有螺旋翼 2，机体 1 上方的螺旋翼通过安装在机体 1 上的驱动装置进行驱动，在机体 1 底部设有接收混控器单元，其特征在于：在机体 1 下部设有摄像头装置 3 和安装架 4，安装架 4 与连接杆 5 的端部连接，连接杆 5 的另一端与电动机 6 连接，电动机 6 中电机轴的端部与激光发生器 7 连接，激光发生器 7 上设有至少一个激光切割头 8。

所述连接杆 5 为绝缘伸缩杆。

所述激光发生器 7 上设有 3 个激光切割头 8，3 个激光切割头 8 位于同一平面上。

采用上述结构，无人机能很容易飞到指定高处，然后通过激光发生器和激光切割头的配合发出激光对目标树枝进行切割，能高效、便捷地完成输电线路附近树枝的清障工作。无人机用于电力线路修枝的典型案例如表 5-1 所示。

表 5-1　　无人机用于电力线路修枝典型案例

序号	时间	线路名称	缺陷内容	处理情况
1	2016 年 3 月 25 日	220kV ×× 线	距离 7 号至 8 号杆塔档边相导线（双分裂）9m 树竹	已处理
2	2016 年 4 月 3 日	110kV ×× 线	距离 10 号至 11 号杆塔档边相导线 15m 树竹	已处理
3	2016 年 4 月 14 日	110kV ×× 一回	距离 26 号至 27 号杆塔导线 12m 树竹	已处理
4	2016 年 5 月 4 日	220kV ×× 二回	距离 8 号至 9 号杆塔的下相导线 9m 树竹	已处理

设备检查如图 5-22 所示。现场实施如图 5-23 和图 5-24 所示。

图 5-22　设备检查

图 5-23　现场实施一

图 5-24　现场实施二

5.5　一种用于输电线路覆冰情况监测的无人机

专利名称：一种用于输电线路覆冰情况监测的无人机；发明人：何健、李婷、黄斌。

专利申请号：ZL 201620604340.X，实用新型专利证书如图 5-25 所示。

目前，现有技术中的监视方法主要有以下两种：一种方法是设立融冰监视哨，在融冰监视哨架设接近导线实际运行情况的模拟导线，安排值班人员，值班人员按照哨所汇报制度和气象冰情观测制度人工定时测量和汇报模拟导线覆冰厚度和相关气象等信息，模拟导线覆冰平均厚度认定为导线覆冰厚度，模拟导线覆冰厚度由人

工用游标卡尺进行测量，这种测量方式存在着一些不足之处，每次测量需要对架设在空中的模拟导线放下来，测量完毕需要重新安装，在严寒的冰冻季节和崇山峻岭中，人工测量劳动强度大，作业环境恶劣，尤其夜间工作，难以保证按时准确测量，而且，不同规格的导线和地线在相同运行环境下覆冰厚度不一致，用一种规格的模拟导线不能准确反映不同规格导线的覆冰情况，线路融冰后，模拟导线需要人工除冰，增加了人工工作量；另一种方法采用电视图像监视，但是这种方法的成本较高，而且电视摄像头在冰冻环境下，图像清晰度不高，不能准确判断覆冰状况，因此，其应用难以普及推广。

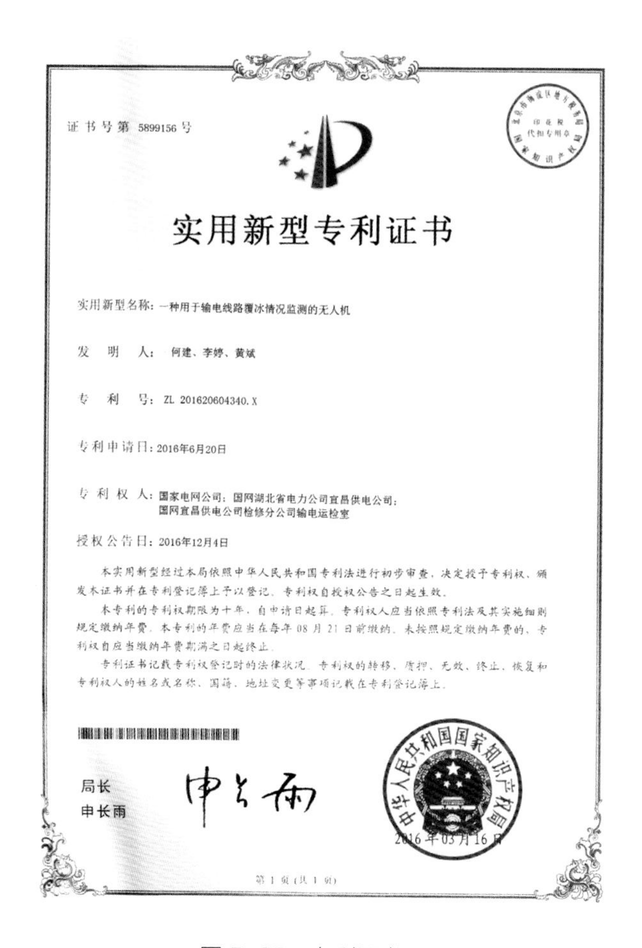

证书号第 5899156 号

实用新型专利证书

实用新型名称：一种用于输电线路覆冰情况监测的无人机

发　明　人：何建、李婷、黄斌

专　利　号：ZL 201620604340.X

专利申请日：2016年6月20日

专　利　权　人：国家电网公司；国网湖北省电力公司宜昌供电公司；国网宜昌供电公司检修分公司输电运检室

授权公告日：2016年12月4日

本实用新型经过本局依照中华人民共和国专利法进行初步审查，决定授予专利权，颁发本证书并在专利登记簿上予以登记。专利权自授权公告之日起生效。

本专利的专利权期限为十年，自申请日起算。专利权人应当依照专利法及其实施细则规定缴纳年费。本专利的年费应当在每年 08 月 21 日前缴纳。未按照规定缴纳年费的，专利权自应当缴纳年费期满之日起终止。

专利证书记载专利权登记时的法律状况。专利权的转移、质押、无效、终止、恢复和专利权人的姓名或名称、国籍、地址变更等事项记载在专利登记簿上。

局长
申长雨

中华人民共和国国家知识产权局

2016 年 03 月 16 日

第 1 页（共 1 页）

图 5-25　专利证书

本实用新型所要解决的技术问题是针对上述现有技术不足，提供的一种能提高输电线路覆冰情况的监测效率并降低监测成本的无人机。

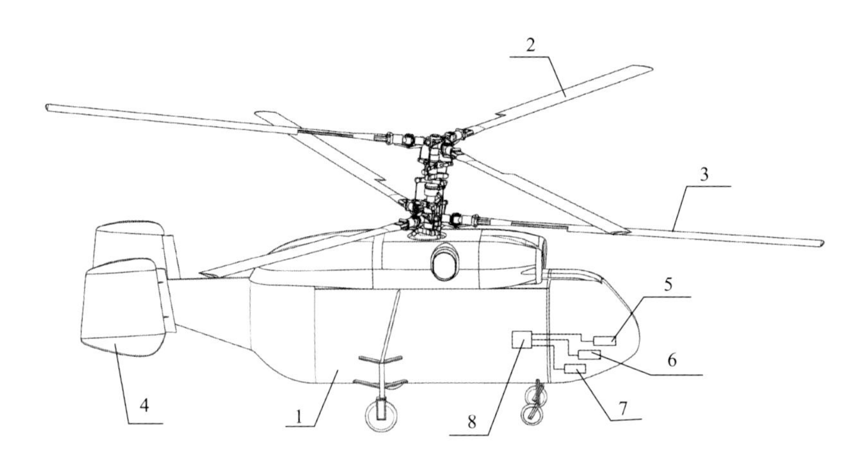

图 5-26　用于输电线路覆冰情况监测的无人机结构图

如图 5-26 所示用于输电线路覆冰情况监测的无人机，它包括机体 1，机体 1 上方设有螺旋翼，螺旋翼分为上旋翼 2 和下旋翼 3，机体 1 尾部设有尾翼 4，机体 1 上方的螺旋翼通过安装在机体 1 上的驱动装置进行驱动，在机体 1 底部设有接收混控器单元，在机体 1 外壁设有温度传感器 5、湿度传感器 6 以及风速传感器 7，温度传感器 5、湿度传感器 6 以及风速传感器 7 分别与无线串口数据传输终端 8 连接。

所述无线串口数据传输终端 8 包括主控芯片以及与主控芯片连接的无线通信模块，温度传感器 5、湿度传感器 6 以及风速传感器 7 与主控芯片的输入端连接。

所述无线通信模块为 GPRS 无线通信模块或 ZigBee 无线通信模块。

所述主控芯片为单片机芯片或 DSP 芯片或嵌入式系统。

在机体 1 上还设有摄像装置，摄像装置能使控制中心工作人员直观地通过实时画面监控。

授权公告号 CN201732360U 的中国专利公开了一种无线串口数据传输终端，包括与对方设备连接的 RS-232C 接口及其 TTL 电平转换电路、微控制单元和无线通信模块，其中，RS-232C 接口连接 RS-232C 与 TTL 电平转换电路，RS-232C 与 TTL 电平转换电路的接口与微控制单元连接，微控制单元的通信接口与无线通信模块连接，RS-232C 与 TTL 电平转换电路模块、微控制单元和无线通信模块均与电源及充电电路连接，RS-232C 与 TTL 电平转换电路模块、微控制单元和无线通信模块均与状态指示电路连接。

该无线穿孔数据传输终端可直接用于本实用新型中，使用时，将无人机的温度传感器、湿度传感器以及风速传感器通过 RS-232C 接口与无线串口数据传输终端连接，将各个传感器收集到的信号传达到地面控制中心。

采用上述结构，无人机能通过温度传感器、湿度传感器以及风速传感器监测周围环境数据经无线串口数据传输终端将数据传回地面控制中心，由工作人员从接收的数据中分析覆冰情况，提前安排部署应对措施。

现场实施如图 5-27 和图 5-28 所示。

图 5-27　现场实施一

图 5-28　现场实施二

5.6　一种用于现场灭火的无人机

专利名称：一种用于现场灭火的无人机；发明人：黄斌、李婷、郭兵、方宏。

专利申请号：ZL 201620604339.7，实用新型专利证书如图 5-29 所示。

目前，输电线路在某段发生火灾时，一般由消防人员到达现场灭火，这样存在以下不足：①受地形条件限制。传统的灭火距离有限，较高较远及隔水的地方不易到达。②受现场环境限制。存在有毒有害物质、隐含二次爆炸的火灾现场，易对消防人员造成伤害，同时火灾现场的高温和大量烟尘会阻碍消防人员进行现场作业。③受响应速度限制。输电线路下方的山火严重威胁着线路的安全运行，一旦发现火情，需要迅速扑灭。

本实用新型所要解决的技术问题是针对上述现有技术的不足而提供的一种能提高灭火效率、降低人员伤亡的用于输电线路现场灭火的无人机。

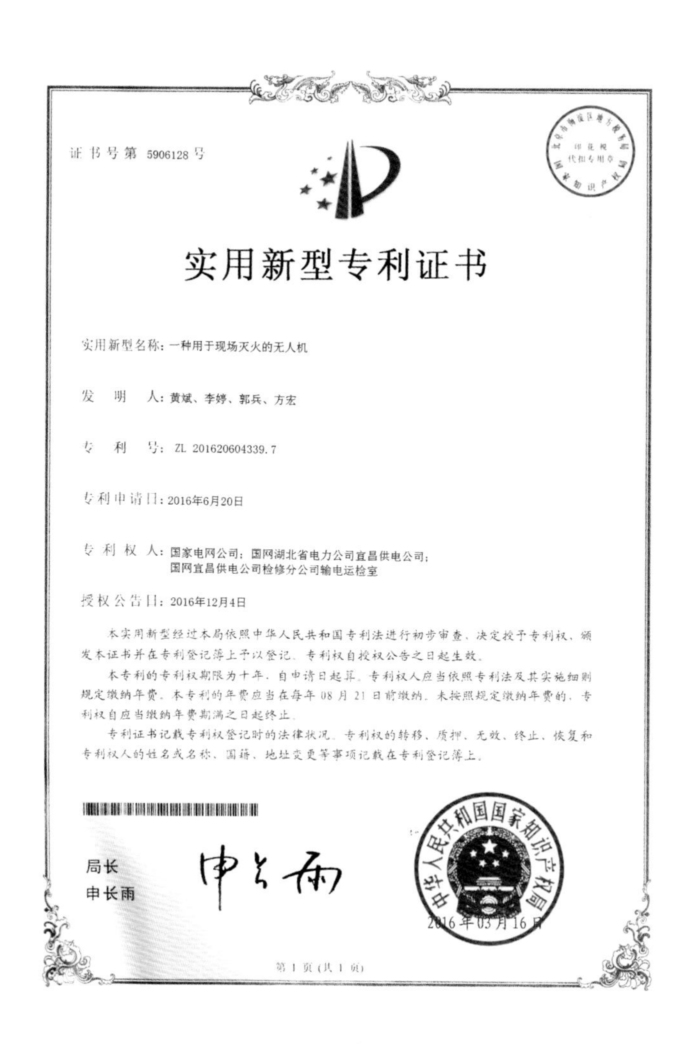

证书号第 5906128 号

实用新型专利证书

实用新型名称：一种用于现场灭火的无人机

发　明　人：黄斌、李婷、郭兵、方宏

专　利　号：ZL 201620604339.7

专利申请日：2016年6月20日

专　利　权　人：国家电网公司；国网湖北省电力公司宜昌供电公司；
国网宜昌供电公司检修分公司输电运检室

授权公告日：2016年12月4日

本实用新型经过本局依照中华人民共和国专利法进行初步审查，决定授予专利权，颁发本证书并在专利登记簿上予以登记。专利权自授权公告之日起生效。

本专利的专利权期限为十年，自申请日起算。专利权人应当依照专利法及其实施细则规定缴纳年费。本专利的年费应当在每年 08 月 21 日前缴纳。未按照规定缴纳年费的，专利权自应当缴纳年费期满之日起终止。

专利证书记载专利权登记时的法律状况。专利权的转移、质押、无效、终止、恢复和专利权人的姓名或名称、国籍、地址变更等事项记载在专利登记簿上。

局长
申长雨

中华人民共和国国家知识产权局
2016 年 03 月 16 日

第 1 页（共 1 页）

图 5-29　专利证书

实用新型的目的是这样实现的：

本实用新型能带来以下技术效果：

采用上述结构，通过无人机移动的便捷性可以很好地来往于火灾地区和指挥部，通过机体上设有的水箱能装载足够量的灭火用水，通过控制单元、电磁阀、温度传感器的配合，能使得温度传感器检测到高温后，实现救灾用水的自动排放，提高了救灾效率，大大避免了人员伤亡。

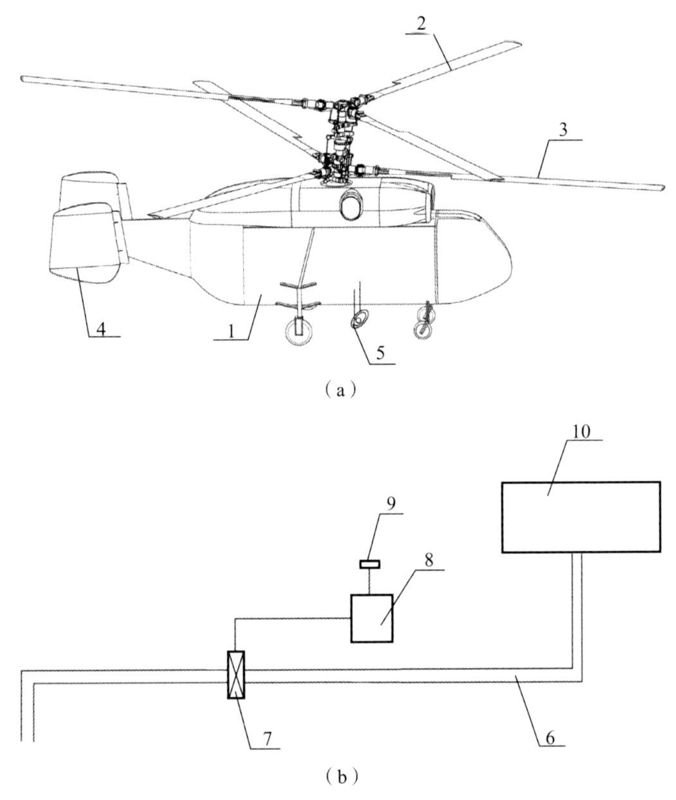

图 5-30　一种用于现场灭火的无人机结构图

（a）外部结构图；（b）控制部分结构框图

如图 5-30 所示一种用于现场灭火的无人机，它包括机体 1，机体 1 上方设有螺旋翼，螺旋翼分为上旋翼 2 和下旋翼 3，机体 1 尾部设有尾翼 4，机体 1 上方的螺旋翼通过安装在机体 1 上的驱动装置进行驱动，在机体 1 底部设有接收混控器单元，在机体 1 内设有水箱 10，水箱 10 的出水口与管路 6 连接，管路 6 上设有电磁阀 7，电磁阀 7 与控制单元 8 的输出口连接，控制单元 8 的输入口与温度传感器 9 连接，管路 6 的另一端延伸至机体 1 外部。

所述主控制单元 8 为单片机或嵌入式系统或 DSP 系统。

在机身 1 上摄像头 5 模块，包括图像传感器，图像传感器的引脚与控制单元 8 连接。

所述机体 1 上设有 GPS 定位装置。

所述温度传感器 9 贴设于机体 1 外壁。

授权公告号为 CN204267836U 的中国专利公开了一种自动关闭阀门的无线水路电控装置，该装置中 89C51 单片机和电磁阀的控制结构适用于本实用新型，将本实用新型中的温度传感器替换掉上述自动关闭阀门的无线水路电控装置中的压力传感器，并与 89C51 单片机和电磁阀配合实现放出救灾用水的功能。

温度传感器的型号为 TS118-3。

采用上述结构，温度传感器检测到高温时，会向单片机发出冲激脉冲，单片机的输出口给电磁阀发出电信号，以此来控制电磁阀，使得水箱 10 中的水从管道 6 排出，对高温区域进行灭火动作，提高了救灾效率，极大地避免了人员伤亡。

典型案例：4 月 6 日，220kV XX 线 12 号杆塔附件有小面积山火发生，火势原已于 4 月 7 日凌晨扑灭，但由于天气干燥，4 月 7 日中午 11 时 45 分，原受火面死灰复燃，火势凶猛，并逐步向 13 号杆塔塔四周蔓延，最近距离约 92m，国网宜昌供电公司检修分公司输电运检室运用无人机搭载灭火装置迅速、准确地将山火扑灭。现场实施如图 5-31～图 5-33 所示。

图 5-31　现场实施一

图 5-32　现场实施二

图 5-33　现场实施三

第6章 无人机巡检技术展望

作为电网的重要组成部分，输电线路的安全和稳定运行非常重要。线路巡检方式和巡检方案对于提高电网供电可靠性，减少供电损耗，提高社会效益和经济效益都有着重大意义。

近年来，随着遥感科学及无人机飞行控制技术的不断发展，利用无人机飞行器搭载各类高分辨传感器、激光扫描仪等设备进行输电线路巡检逐渐成为应用研究的热点，辅以计算机识别和智能诊断技术，可以有效提高输电线路巡检的工作效率，减少人工巡检工作量。基于遥感的输电线路巡检可以获得丰富的输电线路设备数据，对该数据进行系统分析和管理能为电网管理和维护提供更多数据支持。

无人机输电线路巡检作为一种高效、智能的现代化巡检方式，能够有效弥补人工巡检的局限性，是人工巡检的有益补充。当前国内相关研究还处于起步阶段，需要开展大量研究工作，具有广阔的应用前景。

在大载荷飞行平台方面，随着新型大载荷、轻小型无人直升机的发展，能够提供更多的任务载荷能力，从而提高多传感器巡检的任务效率。

在抗干扰、高强度、轻型框架设计方面，通过对结构框架设计提出一种能够广泛应用的无人机巡检平台，避免重复设计，提高作业效率。

针对复杂地形条件下飞行轨迹设计问题，通过对现有单一算法进行改进创新，从而满足未来无人机多任务发展的需求。主要朝着以下两方面发展：首先创新性地提出某种算法，该算法不但可以高效完成任务，还能克服目前智能搜索算法的通病；其次可以采取混合算法规划策略，将目前已经提出的规划算法融合起来，扬长避短，在不同规划阶段采用不同算法，未来这种智能融合将是主流发展方向。

在多传感器联合数据处理方面，存在很大进步空间，通过拟定出数据格式，形成一个标准的数据接口，使得各个传感器的数据可以实现无缝配准、拼接和融合，简化人为工作量，减少冗杂数据，提高数据精度。

在基于遥感的输电线路巡检影像处理技术与建模方面，利用遥感技术进行输电线路安全巡检是可行的，且极大地节省了人力物力。基于前人的研究和实践，在未来，多种传感器协同进行输电线路巡检，飞行器自动规避危险点，三维可视化操作，导地线实时自动提取等都将有进一步的发展空间。

在智能诊断系统方面，自动化的程度还可以进一步提升，减少人机互动环节，在算法方面还可以做一些改进，提高识别的准确率，提高任务效率。

总体来说，无人机巡检有两个值得关注的发展趋势：

1）多传感器巡检无人机。一架无人机集合多种故障探测仪器，同时实现多种巡检方式，这要求无人机具有更大的荷载能力，但不可避免地会带来体积较大及控制过于复杂的缺点。

2）微型单传感器巡检无人机。通过多个携带不同故障探测仪器的微型无人机

协调配合，也能完成巡检工作，由于机体很小，可以更加接近线路，获取更清晰的巡检图像。

基于目前的无人机巡检工作，还需要勇于尝试新思路，拓展新视野，逐步建立满足智能电网巡检需要的无人机输电线路安全巡检技术体系。

附录A 无人机班组管理工作标准

无人机班班长工作标准

1. 范围

本标准规定了无人机班班长的职责、岗位人员基本技能、工作内容要求与方法、检查与考核。

本标准适用于无人机班班长的工作，是检查与考核本岗位人员工作的依据。

2. 职责

2.1 负责全面抓好班内工作，合理安排本班人员的岗位和生产任务。

2.2 严格监督班组人员执行各项规章制度情况及时纠正或阻止班组成员各种违规行为。

2.3 科学安排线路巡视周期，保证完成巡视任务。

2.4 不定期抽查巡视质量，及时解决存在的问题，保证不发生责任事故。

2.5 负责班内技术资料管理，确保资料准确无误。

2.6 做好班组成员的思想政治工作。

3. 岗位人员基本技能

3.1 具有本科及以上文化程度，并取得岗位培训证书。

3.2 熟悉所管辖线路的设备情况。

3.3 熟悉设备缺陷和事故规律。

3.4 熟悉各项相关规程制度。

3.5 熟悉本班人员文化和技术水平情况。

3.6 从事输电线路专业六年以上工龄。

3.7 对线路杆塔组装图及零部件加工图具有阅读识别能力。

3.8 具有安排班组工作、带领本班人员完成任务的能力。

4. 工作内容要求与方法

4.1 主持班组工作，安排每天工作任务。

4.2 带领全班严格执行安规和各项规章制度，确保不发生事故。

4.3 搞好班组资料管理，确保台账记录准确无误。

4.4 组织、检查、督促六大员履行职责，保证班组建设达到标准。

4.5 积极组织和参加政治学习，不断提高政治业务水平。

4.6 通过组织抽查、互查和树优评标等多种形式，提高巡视质量，确保安全运行。

4.7 搞好班组卫生，对分管的卫生区达到要求标准。

4.8 完成上级交办的临时性工作。

4.9 每天主持开班前会，安排当日工作，听取班组成员意见。每天主持开班后会，总结当日工作，听取班组人员汇报当日工作情况，对次日工作做出初步安排。做好班组长日志和分工的有关记录，督促班组成员做好有关记录。每日工作结束，向分管领导汇报当日全班工作情况。每周末安排下周初步计划，制定安全保障措施。每周四组织好安全日活动。每周组织两小时技术学习，两小时政治学习。每月底组织一次运行分析会。每月末报考核表、考勤表和工时利用率表。每年底前报年度工作总结。

5. 检查与考核

5.1 无人机班长的工作由输电运检室主任检查考核，每月考核一次。

5.2 考核依据按《宜昌供电公司检修分公司输电运检室班组建设管理考核办法》、《宜昌供电公司检修分公司输电运检室安全生产考核办法》、《宜昌供电公司检修分公司输电运检室职工绩效考核实施办法（试行）》、《宜昌供电公司检修分公司输电运检室安全生产违章处罚实施细则》、《宜昌供电公司检修分公司输电运检室安全生产工作奖惩规定》。

无人机班副班长工作标准

1. 范围

本标准规定了无人机班副班长的职责、岗位人员基本技能、工作内容要求与方法、检查与考核。

本标准适用于无人机班副班长的工作，是检查与考核本岗位人员工作的依据。

2. 职责

2.1 协助班长抓好班内工作，班长不在岗时代行班长职责。

2.2 严格检查监督班组人员执行各项规章制度情况，协助班长对班组的安全生产日常工作负责。

2.3 协助班长搞好班组建设工作。

2.4 检查监督班组成员按规定完成任务。

2.5 做好班组成员的思想政治工作。

2.6 参与线路巡视，在工作中起到组织和表率作用。

3. 岗位人员基本技能

3.1 具有本科及以上文化程度，并取得岗位资格证书。

3.2 熟悉所管辖线路的设备情况。

3.3 熟悉设备缺陷和事故规律。

3.4 熟悉有关规章制度。

3.5 熟悉本班人员文化和技术水平情况。

3.6 能正确判断缺陷和事故隐患。

3.7 从事输电线路工作四年以上。

3.8 对线路杆塔组装图及零部件加工图具有阅读识别能力。

4. 工作内容要求与方法

4.1 协助班长带领全班严格执行各项规程，确保不发生事故。

4.2 在线路运行工作中，以身作则，起带头示范作用。

4.3 搞好班组资料管理，确保台账记录准确无误。

4.4 检查督促六大员的工作，保证人尽其职。

4.5 积极组织和参加政治学习，不断提高政治业务水平。

4.6 搞好班组卫生，对分管的卫生区达到要求标准。

4.7 按要求完成班组建设和承担的工作任务。

4.8 完成班长交办的临时性工作。

4.9 日常工作，每日协助班长开好班前会，积极提出意见，安排好当日的工作。按照工作需要，组织好班组的工作，并对工作质量监督检查。进行巡视工作

时，按运行规程的规定，仔细检查线路情况，详细作好现场记录。巡视工作返回后，及时整理现场记录，修改有关技术资料。协助班长开好班后会，汇报工作情况，积极提出意见，安排好次日工作计划。

5. 检查与考核

5.1 无人机班副班长的工作由无人机班班长检查考核，每月考核一次。

5.2 考核依据《宜昌供电公司检修分公司输电运检室班组建设管理考核办法》、《宜昌供电公司检修分公司输电运检室安全生产考核办法》、《宜昌供电公司检修分公司输电运检室职工绩效考核实施办法（试行）》、《宜昌供电公司检修分公司输电运检室安全生产违章处罚实施细则》、《宜昌供电公司检修分公司输电运检室安全生产工作奖惩规定》。

无人机班管理员工作标准

1. 范围

本标准规定了无人机班组管理员的职责、岗位人员基本标准、工作内容要求与方法、检查与考核。

2. 职责

2.1 在班长、副班长的领导下负责班组的内勤工作。

2.2 负责建立健全有关班组管理资料、台账。

2.3 协助班长做好工作总结。

2.4 处理班内日常事务，做好上传下达，认真完成班长交给的其他任务。

3. 岗位人员基本标准

3.1 具有高中文化程度。

3.2 有一定的管理理论知识和线路运行维护知识。

4. 工作内容要求与方法

4.1 负责班组的内勤工作，搞好各种资料、有关劳保福利的发放。

4.2 班组有关管理资料健全、分类规范、查找方便，为搞好班组工作提供可靠依据。

5. 检查与考核

5.1 管理员的工作由班长检查考核，每月一次。

5.2 考核依据《宜昌供电公司检修分公司输电运检室安全生产考核办法》、《宜昌供电公司检修分公司输电运检室职工绩效考核实施办法（试行）》。

附录B 架空输电线路无人机巡检作业考核标准及附表

架空输电线路无人机巡检作业考核

一、每次无人机巡检作业资料应归档保存，保存期限至少两年，资料清单包括（含纸质版和电子版光盘）：

1）空域申请记录；

2）无人机巡检作业现场勘察记录单（见附件1）；

3）无人机巡检作业工作票（单）（见附件2、附件3）；

4）飞行前检查单；

5）无人机巡检系统使用记录单（见附件4）；

6）巡检航线信息变更记录；

7）巡检作业报告，报告中应包括发现的缺陷图像；

8）缺陷处理任务单；

9）无人机巡检系统设备出入库记录。

二、存有以下资料：

1）特殊空域（包括周边军事禁区、军事管理区、森林防火区和人员活动密集区）变更及记录；

2）每套无人机巡检系统使用及维修、保养记录；

3）巡检的所有图像和视频；

4）缺陷图像和视频（包括可见光、红外等）。

三、每月 5 日前需报送上月无人机巡检资料（电子版光盘）：

1）现有无人机巡检系统机型、数量及所处状态（如正常、故障、损坏等）；

2）当月各无人机巡检作业次数、巡检杆塔基数、巡检里程统计表；

3）当月所有无人机巡检作业工作票（单）；

4）当月所有无人机巡检作业报告；

5）当月所有巡检图像和完整视频（最好带时标和 GPS 坐标信息）；

6）当月巡检发现的所有缺陷信息以及图像；

7）无人机巡检系统设备以及巡检应用等方面存在的重大问题。

四、未规定格式的资料，根据自身实际情况形成纸质和电子版材料。

附件 1

架空输电线路无人机巡检作业现场勘察记录单

勘察单位：__________ 编号：__________

勘察负责人：______________________ 勘察人员：______________________

勘察的线路或线段的双重名称及起止杆塔号：

____

____

勘察地点或地段：

____

____

巡检内容：

____

____

现场勘察内容

1．作业现场条件：
2．地形地貌以及巡检航线规划要求：
3．空中管制情况：
4．特殊区域分布情况：
5．起降场地：

6．巡检航线示意图：
7．应采取的安全措施：

记录人：__________勘察日期：________年______月______日______时______分

至________年______月______日______时______分

附件 2

架空输电线路无人机巡检作业工作票

单位：__________ 编号：__________

1．工作负责人：______________________________工作许可人：____________

2．工作班：__________________________________

工作班成员（不包括工作负责人）：______________________________________

3．无人机巡检系统型号及组成：____

4．起飞地点、降落地点及巡检线路：

____

5．工作任务：

巡检线段及杆号	工作内容

6．审批的空域范围：

____

7．计划工作时间：

自______年______月______日______时______分

至______年______月______日______时______分

8．安全措施（必要时可附页绘图说明）：

8.1 飞行巡检安全措施：____

____

8.2 安全策略：____

____

8.3 其他安全措施和注意事项：______________________________

____

工作票签发人签名__________ ______年______月______日______时______分

工作负责人签名__________ ______年______月______日______时______分

9．确认本工作票 1 ~ 8 项，许可工作开始

许可方式	许可人	工作负责人	许可工作的时间
			___年___月___日___时___分

10．确认工作负责人布置的工作任务和安全措施

班组成员签名：

____

____

11．工作负责人变动情况

原工作负责人__________离去，变更__________为工作负责人。

工作票签发人签名__________ ______年______月______日______时______分

12．工作人员变动情况（变动人员姓名、日期及时间）

____

____

13．工作票延期

有效期延长到______年______月______日______时______分

工作负责人签名__________ ______年______月______日______时______分

工作许可人签名__________ ______年______月______日______时______分

14．工作间断

工作间断时间______年______月______日______时______分

工作负责人签名__________ ______年______月______日______时______分

工作许可人签名__________ ______年______月______日______时______分

工作恢复时间______年______月______日______时______分

工作负责人签名__________ ______年______月______日______时______分

工作许可人签名__________ ______年______月______日______时______分

15．工作终结

无人机巡检系统撤收完毕，现场清理完毕，工作于______年______月______日______时______分结束。

工作负责人于______年______月______日______时______分向工作许可人____用______方式汇报。

无人机巡检系统状况：

____

16．备注

（1）指定专责监护人__________________负责监护____（人员、地点及具体工作）

（2）其他事项____

附件 3

架空输电线路无人机巡检作业工作单

单位：______________________________ 编号：__________

1．工作负责人：______________________ 工作许可人：________

2．工作班：__________________________

工作班成员（不包括工作负责人）：______________________________

3．作业性质：小型无人直升机巡检作业（　　）　应急巡检作业（　　）

4．无人机巡检系统型号及组成：______________________________

5．使用空域范围：

____

6．工作任务：

____

7．安全措施（必要时可附页绘图说明）：

7.1 飞行巡检安全措施：______________________________

____

7.2 安全策略：______________________________________

____

7.3 其他安全措施和注意事项：__________________________

____

8．上述 1 ~ 7 项由工作负责人__________根据工作任务布置人__________的布置填写。

9. 许可方式及时间

许可方式：__________

许可时间：______年______月______日______时______分至______年______月______日______时______分。

10. 作业情况

作业自______年______月______日______时______分开始，至______年______月______日______时______分，无人机巡检系统撤收完毕，现场清理完毕，作业结束。

工作负责人于______年______月______日______时______分向工作许可人______用______方式汇报。

无人机巡检系统状况：

____

工作负责人（签名）：______________ 工作许可人：__________

填写时间______年______月______日______时______分

附件 4

架空输电线路无人机巡检系统使用记录单

编号：　　　　　　　　　　　　　　　　　巡检时间：　　　年　　　月　　　日

<table>
<tr><td>使用机型</td><td colspan="7"></td></tr>
<tr><td>巡检线路</td><td></td><td>天气</td><td></td><td>风速</td><td></td><td>气温</td><td></td></tr>
<tr><td>工作负责人</td><td colspan="3"></td><td>工作许可人</td><td colspan="3"></td></tr>
<tr><td>操控手</td><td></td><td>程控手</td><td></td><td>任务手</td><td></td><td>机务</td><td></td></tr>
<tr><td>架次</td><td colspan="3"></td><td>飞行时长</td><td colspan="3"></td></tr>
<tr><td>1. 系统状态</td><td colspan="7">记录无人机巡检系统航前、航后检查情况，飞行过程中的状态等</td></tr>
<tr><td>2. 航线信息</td><td colspan="7">如为首次巡检的航线，记录巡检航线周边环境信息，否则记录周边环境信息的变化情况。周边环境信息包括：空中管制区、重要建筑和设施、人员活动密集区、通讯阻隔区、无线电干扰区、大风或切变风多发区和森林防火区等的位置和分布</td></tr>
<tr><td>3. 其他</td><td colspan="7">记录巡检过程中无人机巡检系统出现的其他异常情况</td></tr>
</table>

记录人（签名）：____________________　工作负责人（签名）：______________

参考文献

［1］李正. 高压输电线路自主巡检机器人的研究［D］. 上海：上海大学，2013.

［2］杨成顺，杨忠，葛乐，等. 基于多旋翼无人机的输电线路智能巡检系统［J］. 济南大学学报（自然科学版），2013, 27(4): 358-362.

［3］彭向阳，陈驰，饶章权. 大型无人机电力线路巡检作业及智能诊断技术［M］. 北京，中国电力出版社，2015.

［4］刘正军，彭向阳，郭小龙，蔡艳辉，左志权. 大型无人机电力线路巡检数据采集与处理技术［M］. 北京，中国电力出版社，2016.

［5］彭向阳，陈驰，饶章权，等. 基于无人机多传感器数据采集的电力线路安全巡检及智能诊断［J］. 高电压技术，2015, 41(1): 159-166.

［6］张文峰，彭向阳，陈锐民，等. 基于无人机红外视频的输电线路发热缺陷智能诊断技术［J］. 电网技术，2014, 38(5): 1334-1338.

［7］郑维刚. 基于无人机红外影像技术的配电网巡检系统研究［D］. 沈阳：沈阳龙农业学，2013.

［8］彭向阳，钟清，饶章权，等. 基于无人机紫外检测的输电线路电晕放电缺陷智能诊断技术［J］. 高电压技术，2014, 40(8): 2292-2298.

［9］张文峰，彭向阳，钟清，等. 基于遥感的电力线路安全巡检技术现状及展望［J］. 广东电力，2014, 27(2): 1-6.

［10］张璐. 架空输电线路巡检飞行机器人的多传感器调度方法研究［D］. 保定: 华北电力大学，2015.

［11］陈阳. 六旋翼无人机容错飞行控制研究［D］. 南京：南京航空航天大学，2014.

［12］熊典. 输电线路无人机巡检路径规划研究及应用［D］. 武汉：武汉科技大学，2014.

［13］胡琦逸. 四旋翼飞行器的姿态估计与优化控制研究［D］. 杭州：杭州电子科技大学，2013.

[14] 高绪，谢菊芳，胡东，等，四旋翼无人机在柑橘园巡检系统中的应用［J］. 自动化仪表，2015: 26-30.

[15] 李勇. 无人飞行器在特高压交流输电线路巡视中的应用模式研究［D］. 保定：华北电力大学，2014.

[16] 彭向阳，刘正军，麦晓明，等. 无人机电力线路安全巡检系统及关键技术［J］. 遥感信息，2015, 30(1): 51-57.

[17] 王骞. 无人机电力巡线项目风险管理研究［D］. 山东：山东大学，2014.

[18] 徐华东. 无人机电力巡线智能避障方法研究［D］. 南京：南京航空航天大学，2014.

[19] 李力. 无人机输电线路巡线技术及其应用研究［D］. 长沙：长沙理工大学，2012.

[20] 黄婷婷. 无人机自动巡线方法［D］. 沈阳：沈阳理工大学，2015.

[21] 王珂，蔡艳辉，彭向阳，等. 用于电力线巡检的大型无人直升机多传感器系统集成设计［J］. 广东电力，2016, 29(2): 95-103.

[22] 刘建友，李宝树，仝卫国. 航拍绝缘子图像的提取和识别［J］. 传感器世界，2009, 12: 22-24.

[23] 李俊芳，李宝树，仝卫国. 基于航拍图像的电力线自动提取［J］. 传感器世界，2008, 9: 28-31.

[24] 李高磊. 基于机器视觉的无人机电力巡线技术研究［D］. 安徽：安徽理工大学，2016.

[25] 彭向阳，陈驰，饶章权. 基于无人机多传感器数据采集的电力线路安全巡检及智能诊断［J］. 高电压技术，2015, 1(41): 159-166.

[26] 郑维刚. 基于无人机红外影像技术的配电网巡检系统研究［D］. 沈阳：沈阳农业大学，2014.

[27] 赵博，陈伟，张斌. 基于总线网络结构的无人机故障检测与诊断系统设计［J］. 国防科技，2010, 1(31): 16-19.

[28] 赵利坡，范慧杰，朱琳琳. 面向巡线无人机高压线实时检测与识别算法［J］. 小型微型计算机系统，2012, 4(33): 882-886.

[29] 张少平. 输电线路典型目标图像识别技术研究［D］. 南京：南京航空航天大学，2012.

[30] 张洁. 输电线路缺陷在线监控系统设计与实现［D］. 成都：电子科技大学，2015.

[31] 李勇. 无人飞行器在特高压交流输电线路巡视中的应用模式研究［D］. 北京：华北电力大学，2014.

［32］李力. 无人机输电线路巡线技术及其应用研究［D］. 长沙：长沙理工大学，2012.

［33］邵俊宇，向超，曹玉华. 无人机远程故障测试与诊断技术研究［J］. 计算机测量与控制，2014, 23(9): 2950-2953.

［34］黄婷婷. 无人机自动巡线方法研究［D］. 沈阳：沈阳理工大学，2015.

［35］陈雯雯. 小型四旋翼无人机轨迹规划算法研究［D］. 青岛：青岛理工大学，2015.

［36］穆超. 基于多种遥感数据的电力线走廊特征物提取方法研究［D］. 武汉：武汉大学，2010.

［37］王振华，黄宵宁，梁焜，等. 基于四旋翼无人机的输电线路巡检系统研究［J］. 中国电力，2012, 45(10): 59-62.

［38］国家电网公司人力资源部. 国家电网公司生产技能人员职业能力培训专用教材［M］. 北京：中国电力出版社，2014.